知乎

有 问 题　就 会 有 答 案

何川讲透升职加薪

Seven Steps To Promotion And Raises

何川　著

台海出版社

图书在版编目（CIP）数据

何川讲透升职加薪 / 何川著 . — 北京：台海出版
社，2022.3
　　ISBN 978-7-5168-3212-7

　　Ⅰ . ①何… Ⅱ . ①何… Ⅲ . ①成功心理－通俗读物
Ⅳ . ① B848.4–49

中国版本图书馆 CIP 数据核字 (2022) 第 006852 号

何川讲透升职加薪

著　　者：何　川

出版人：蔡　旭　　　　　　　　封面设计：今亮后声
责任编辑：吕　莺

出版发行：台海出版社
地　　址：北京市东城区景山东街 20 号　　邮政编码：100009
电　　话：010-64041652（发行、邮购）
传　　真：010-84045799（总编室）
网　　址：www.taimeng.org.cn/thcbs/default.htm
E－mail：thcbs@126.com

经　　销：全国各地新华书店
印　　刷：三河市兴博印务有限公司
本书如有破损、缺页、装订错误，请与本社联系调换

开　　本：889 毫米 ×1194 毫米　　　　　1/16
字　　数：230 千字　　　　　　　印　　张：15.5
版　　次：2022 年 3 月第 1 版　　　印　　次：2022 年 3 月第 1 次印刷
书　　号：ISBN 978-7-5168-3212-7
定　　价：58.00 元

致 谢

"献给两位了不起的母亲：
夏凤霞和贾进华"

升职加薪是自己的事

不夸张地说，升职加薪是每个职场人的基本追求。

我们辛苦拼搏，为的就是能够在工作中取得一番成绩，获得公司和领导的认可，期待有机会走向更高的职场目标。但现实很残酷，能够如愿升职加薪的职场人，往往只是少数。大多数人都是一边默默努力，一边"听天由命"。

为什么会是这样？一个直接原因，就是很多职场人把升职加薪这件事，看得过于简单。要么一厢情愿地认为，只要自己做得好，公司和领导就会看得见，自然会主动给自己升职加薪；要么在心态上被动消极，甚至还经常和一些关系亲近的人抱怨"不管我怎么努力，公司都不给我机会"。

这两种想法，在我接触过的学员中都非常普遍。而且，无论持有哪一种想法的"当局"者，都认为自己是正确的。比如，在我的每一次直播课上，都有学员向我提出一些相似的问题："何老师，我的业绩更好，为什么升职速度却比不上业绩不如我的同事？""这几年我给公司创造了很多价值，为什么加薪总是轮不到我？""川总，我们公司不可能有升职加薪的机会，我该换个工作吗？"

很明显，这些困惑的背后，都有一种消极被动的职场思维。

在他们看来，升职加薪只有两种情况：一是我的工作做到位了，公司就应该主动给我升职加薪；二是无论我工作多努力，公司都很难给我升职加薪。

其实不然。由于身份位置不同，老板或者管理者与员工在工作中的关注点也不同，各自承担的责任也不同。老板（更多指上级领导）每天更多地在思考企业要如何发展，员工（更多指下属）每天更多地在关注个人能获得哪些机会。

这就导致如果没有一些特定的、正式的场合，老板很难有机会把时间和注意力聚焦在某个员工的升迁上。所以，想要升职加薪，就必须明白，这是自己的事儿，被动等待是不可取的，正确的做法是主动争取。

当然，主动争取也必须足够清楚和认真。毕竟，为员工升职加薪，不仅会关系到公司的成本投入，更有可能直接影响到其他同事的工作状态。

所以，向公司领导申请升职加薪，是一项非常专业且系统的工作。

比如，在提出申请之前，我们必须确认自己的能力和业绩是否达到了升职加薪的基本标准，而且这些能力与业绩是否被领导关注到。还有很重要的一点：被动等待升职加薪，员工只要付出足够多的耐心即可，但主动申请升职加薪是流程问题，不仅关系到个人的准备，更关系到相关领导和用人部门的协作配合。

因此，在实际的工作中，申请升职加薪必须先有一个详细的计划，而且要做好一系列专业而严肃的具体工作。这也是我在2020年正式推出在线直播课《升职加薪实战特训营》的初衷。如今，特训营的学员已经超过25000人，其中一部分同学，在学习课程之后的两到三个月，就已经成功实现升职加薪。于是，我和团队决心在这门课程的基础上，创作一本能够帮助更多职场人士实现升职加薪目标的专业书籍。

这本书最大的价值有两点：

首先，符合一些职场环境。市面上的很多职场书籍，都是从国外翻译过来的，要么过于概括和理论化，要么和现今的职场的应用环境相差太大。所以，我和团队反复讲，这本书必须符合国内的职场环境。

其次，具有独特的系统性和实操性。职场书籍非常多，但多数都不够全面，要么是具体的某一类方法，要么是个人和经验和"鸡汤"，要么是空洞的理论。我们这本书，要做到不仅每个职场人都能看懂，还要能操作。

在这本书中，我用"升职加薪七步法"，将实操步骤详尽完整地进行了分享。

第一步：理解薪酬绩效。

想要谋求更高的职位及薪水，必须先弄清楚，企业是如何设计薪酬绩效的。

第二步：盘点工作业绩。

工作业绩，是企业衡量一名员工能否升职加薪的最重要的核心指标。

第三步：制订升职加薪计划。

首先，要明确升职加薪的具体目标；其次，要准备一份详尽的行动方案。

第四步：正式申请升职加薪。

有了准备充分的计划，再按照明确的步骤，一步一步完成申请工作。

第五步，评估换工作的时机。

通过前四步的争取和努力，如果内部机会不理想，也可以考虑外部机会，也就是很多职场人都熟悉的"跳槽"。但我要告诉你的是，换工作一定要重视时机的选择，无论你的能力有多强，或者心态有多好，都不要想换就换。

第六步：判断新工作是否靠谱。

没经验的职场人，面对机会，第一反应都是薪水高不高。其实，判断一份工作好不好，薪水并不是最重要的，我会和你展开讨论更多更重要的标准。

第七步：做好面试和薪资谈判。

经过理性客观的评估，如果我们认为一份工作机会确实很好，那最后要做的就是在面试中拿到满意的薪水。在这里，我会重点讲解面试策略和注意事项。

以上，是升职加薪七步法的框架：

第一步：理解薪酬绩效。

第二步：盘点工作业绩。

第三步：制订升职加薪计划。

第四步：正式申请升职加薪。

第五步：评估换工作的时机。

第六步：判断新工作是否靠谱。

第七步：做好面试和薪资谈判。

为了强化每个读者的实操效果，我在每个环节的实操方法中，都加入了大量的实际场景和具体案例，将方法和实际情况进行了融合。无论你是准备进入职场的在校大学生，还是刚刚参加工作的职场新人；无论你是工作多年但发展不顺利的职场"老黄牛"，还是公司重点培养的管理骨干；无论你是想在短期内提升薪水，还是想长期获得晋升机会，这本书，都会成为你的重要帮手。

最后，我还想说一句，对于每个职场人来说，升职加薪的机会不仅是长期存在的，而且是公平的。前提是，你要重视提升自己的真实能力，并选择合适的时机主动争取升职加薪。因为，升职加薪是自己的事，你要学会对自己负责。

第 四 章

申请升职加薪

第 七 章

做好薪资谈判

薪资谈判的五种策略 / 219

薪资谈判的七个误区 / 226

第 一 章

理解薪酬模式

▶ ▶ ▶

"

在进入一家企业之前，你最关注的
是什么？我相信很多人重点关注的都是
自己能从企业中拿到多少薪酬。既然很
多人都认为这个问题非常重要，那么，
你知道决定薪酬能拿到多少的关键因素
是什么吗？答案就在于你能为企业带来
多少价值。也就是说，你的薪酬模式跟
你的"赢利"模式是对等的，企业与员
工之间，永远是利益捆绑、利益趋同的
关系。

"

职场竞争力的本质：岗位附加值

你的"含金量"决定了你的竞争能力。

随着职场竞争的加剧，我们需要不断提升自己的职场竞争力，才能让自己在新时代中不被抛弃。那么，我们到底该怎样判断自己在职场上有没有竞争力呢？职场竞争的本质是什么呢？

很多人觉得，我在职场上工作时间长了，或者某个方法用对了，我就有了竞争力，老板就会给我更高的工资和职位。那我要告诉你，事实并不是这样的。一个人的职场竞争力由很多复杂因素所决定，但从本质上说，职场竞争的关键在于你的岗位附加值，以及你能否在职场中有效地赋能他人。你的岗位附加值越高，越能够赋能他人，你为企业创造的额外价值就越高，这时你的职场价值也就越高，职场竞争力也就越强。在这一前提下，你的薪酬才会不断提高。

当然，要打造个人的职场竞争力，提升薪资职级，我们首先还是要了解一下决定薪水职级的主要因素。

职场竞争的关键在于
你的岗位附加值，
以及你能否在职场中
有效地赋能他人。

决定薪水职级的四个因素

在做职业咨询时，经常有学员问我："一个人的薪水是由什么决定的？""为什么我明明很努力，老板却不肯给我涨薪？""薪水一定是由职级决定的吗？"……

这些问题，几乎都是关于薪水的问题，那么在职场上，我们的薪水到底由什么决定呢？

对大多数职场人而言，通过提高自身能力而升职加薪，是很多人都能想到的，但实际上，你的薪水并不完全由你的个人能力所决定。在通常情况下，决定一个人在岗位上薪水高低的因素共有四个，分别为职业赛道、个人贡献、团队贡献与成长潜力（如图 1-1 所示）。

决定薪水职级的四个因素

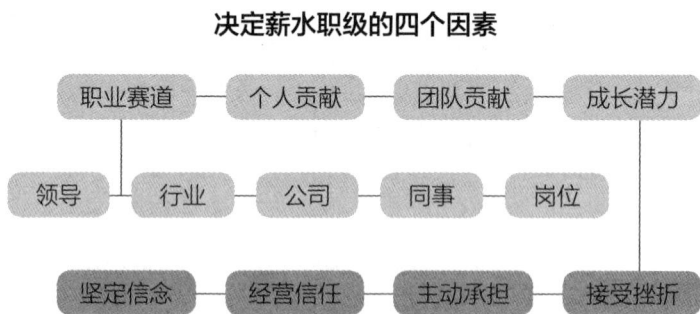

图 1-1 决定薪水职级的四个因素

首先，能不能进入高价值的职业赛道，考验的不仅是你的眼光，还有你的职业水平。不可否认，选择适合自己的职业赛道，也就是自己的职业环境，如合适的行业、公司、岗位，以及直接接触的领导、同事等，都会对你的薪水高低产生影响。与此同时，如果你能在"赛道"中不断自我迭代、优化，保持一定的职业敏锐度，适应行业的各种变迁，那么你的薪水也必然能水涨船高。可以这样说，高价值的职业赛道决定着你的职业发展成败以及薪水职级的高低。

我认识一位行业"大咖"，985大学设计专业，毕业后进了一家广告公司。刚入职时，她表现得很积极，任务也完成得很好，工作之余，她还经常花时间提升与工作相关的各种技能，可以说是个非常上进的女孩。可干了三四年后，她的职位和薪水一直在原地踏步，这让她很不甘心：明明自己很努力，怎么就没有回报呢？

后来，一位前辈点拨了她一下，说你确实把工作做得很好，你的领导也觉得你很适合这份工作，那就让你继续做这份工作好了。如果想要升职加薪，并不是把自己的工作做好就行，你得让领导看到你的潜能。

这句话提醒了她，她开始思考：我的潜能是什么？我除了现在的工作之外，还能干什么？

后来，她重新换了一份商务谈判的工作，很快就干得"风生水起"，不但职位提升了好几级，薪水也翻了好几倍。原来她的口才很好，上学时还多次得过演讲、辩论的奖项，曾担任过外联工作等。只不过在最初的设计工作中没有机会让她发挥出这些优势，而现在找到更适合自己的工作后，她如鱼得水，优势得以真正发挥出来。这就是典型的赛道选择问题。

其次，就是你的个人贡献与团体贡献，也就是你在自己的岗位上做出了多大的成就，你与团队的合作能力怎么样，你为企业创造了多大价值等，这些也会决定你的薪水高低。

最后一点就是你的成长潜力，也就是你的个人素质，以及你在职场上可以被挖掘出来的潜能等。具体包括一个人是否有坚定的信念，对职业发展是否有所追求；是否有经营信任，即对你的职业是否有忠诚度；是否能主动承担责任，以及是否能接受职业发展中的各种挫折等等。

以上四个因素，是决定你的薪水职级的主要因素。实际上，一个岗位的流程越简单、固化程度越高，个人的可替代性就越强，岗位本身价值就越低，薪水职级也就越低。这就提醒我们，在职场中，我们要努力让自己站得更高一些，你站得越高，看事情就越准确，看到的空间也就越广阔、越全面，也就越能发现真正的关键问题是什么。

举个例子。现在有四家企业，分别为捷普集团、富士康、美团和苹果公司。在这四家企业中，捷普集团主要按标准生产苹果手机外壳，富士康负责组装苹果手机，美团是在智能手机上提供本地生活服务，而苹果公司，则为以上三家公司建立标准。那么很显然，苹果公司的市值就要高于其他三家公司。

再回到职场上，如果我们把这四家企业比作企业中的四种职业的话，苹果公司就相当于企业的 CEO，是为企业中的每个人制定各种标准的；富士康则相当于 CFO，主要为企业建立财务标准；而美团和捷普集团，则相当于企业内部从事各种具体工作的员工，也就是执行工作中的某个环节。

通过以上四家不同性质企业的比喻，大家能不能理解自己在职场中的定位呢？显然，如果你在企业中是做一些具体的、执行性质的工作，那么你的职业价值就比较低，你的薪水职级也会处于较低的阶层；但如果你是企业中那个制定标准的人，你的职业价值肯定就高，你的

努力让自己

站得高一些，

你站得越高，

看事情就越准确，

看到的空间，

也越广阔、全面，

也就越能发现真正的

关键问题是什么。

薪水职级也会是企业中最高的一层。简而言之，你的工作处于哪个链条上，你的工作有多少含金量，决定了你能拿到多少钱。

评估你的岗位附加值

什么是附加值？如果我们用专业术语解释一下，就是指在产品原有价值的基础上，通过生产过程中的有效劳动新创造的价值，即附加在产品原有价值之上的新价值。

那么，什么是岗位附加值呢？就是你的工作在原有价值基础之上，又创造出了新的价值。在工作中，你的最大竞争价值往往不是在于你的本职工作做得好不好，而是在于你做好分内工作的基础上，还能创造多大的额外价值。

比如，我在公众号里写了一篇文章，很多读者看了以后，很喜欢我的这篇文章，并且转载了。这时，有一家有名的公司高管团队找到我，希望我能为他们做内训，因为他们通过网友转载看到了我的这篇文章，觉得我文章写得很好、很专业，很符合他们的要求。

这个就是岗位的附加值。

由此可以看出，要想提升职业竞争力，我们就必须不断提升自己的岗位附加值。你能够为企业带来的价值越大，你在老板眼中就越有价值，你的薪水职级也就越有可能获得提升。

那么，我们怎样判断自己的岗位附加值是高还是低呢？

很简单，就看你的岗位是否具有比较强的不可替代性。如果很容易被替代，那么你的实际附加值就不高，比如公司的普通员工，基本都是没有岗位附加值的，只要企业想换人，随时都可以把你换掉；但如果你是公司的业务主管或骨干人员，那么你的岗位附加值就要比普通员工高；而当你升至为公司的核心人物或高潜能人物时，如市场部经理、销售总监等，那么你的岗位就不是别人轻易能替代的了，你的岗位附加值会更高。

打个比方，在企业中，总有些员工属于勤劳、能干的"黄牛"型员工，每天都勤勤恳恳、任劳任怨，每个月也能完成定额任务。但是，不管这类员工怎么努力，他们始终做的只能是最基本的工作。这类员工的岗位附加值就很低，只要其他人能完成同等的任务，他们就会被替代。

还有一类员工，他们能在工作中不断优化自己的工作方法，每个月完成的任务也比"黄牛"型员工多，这类员工属于"猎豹"型员工，他们可以被替代，可又不是任何人都能替代的，所以他们的岗位附加值就要高于"黄牛"型员工。

最厉害的一类是"狮子"型员工，一个出色的"狮王"往往能领导很多只"狮子"，他们会不断把自己的方法复制给别人，让别人帮自己干活儿，不用亲力亲为，就能取得很高的业绩。很显然，他们的岗位附加值是最高的，也是最不容易被替代的。

由此可见，我们要判断自己的岗位附加值是高还是低，就是要找好自己在企业中的定位。下面这个岗位附加值图，可以帮你判断出自己的岗位附加值。

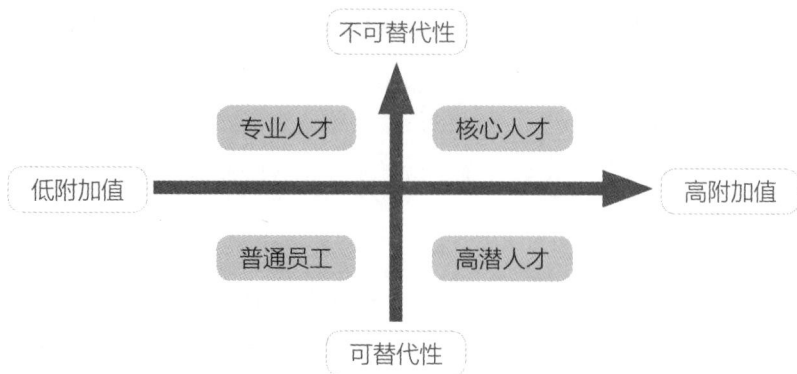

图 1-2 岗位附加值

从这幅图中可以看出，企业核心人才和高潜人才的岗位附加值是最高的，而普通员工的岗位附加值最低。

可能有人会问："专业人才的岗位附加值会这么低吗？"

我要告诉你的是，专业人才的不可替代性很高，但他们的岗位附加值真的比较低，原因就在于岗位附加值不只是你自己干得好不好，还包括其他许多连锁反应，比如你的团队协同能力、你能否驱动他人、你能否赋能他人等。专业人才在自己的岗位上可能干得很好，但始终属于个人贡献者，放在整个部门、整个团队当中，这类人的岗位附加值就很有限了。

所以，我在讲课时经常强调，我们一定要尽可能地让自己加入到优秀的企业当中，因为优秀的企业业绩增长更快，会促使员工不断提升自己，挖掘自己的潜能；同时，还有更优秀的老板和团队带领着员工不断向前跑，"逼"着员工变得优秀，员工的职场竞争力也会不断增强。就像我的学员问我说，何老师，我们同样都是"80 后"，为什么你的知识量会这么丰富，而我就不行呢？我就会告诉他们，因为你可能一直在"走",而我却一直在"奔跑"。虽然我们一天同样拥有 24 个小时,但我的工作强度更大,业绩增长更快,一年当三年过,这就是职场强弱的本质。你的工作强度越大,你的思考强度越大,你的执行强度越大,你处理问题的强度越大,你就越来越"值钱"。

驱动和赋能他人

当我们被提升到第一个领导岗位时,通常都会认为自己已经开始迈向成功了。自己的努力终于被认可,薪水也有了较大幅度的提升,于是急忙打电话通知家人,或者带着朋友家人到外面聚餐庆祝一番,信心满满地认为自己已经为新岗位做好了大干一场的准备。

这种心情是可以理解的,毕竟升上领导岗位确实是职业生涯中的一次重大转变,从此以后,我们的工作成果就不用再亲自去获得,而是通过下属和团队的努力来获得了。

但是,这里有一点需要注意,作为一个领导者,要想让下属和团队创造出成果,还必须具备一项重要能力,就是要能够驱动和赋能他人。

举个例子。假如我是一名平面设计师,我要设计一个海报,帮公司宣传品牌。但是,如果我设计的海报始终不能让销售部门的同事获得更多的客户线索,就算我的设计水平再高,我也没能帮到他人,没能引领这个团队,那么我就不能驱动和赋能他人,我的岗位附加值就不高。

所以,作为公司的一个领导者,怎样看你是不是适合这个岗位?就看你是否能驱动和赋能他人,是否能够为下属和团队带来资源,是否能够让你的下属和团队欣赏你、信任你,能够通过你的引领创造更多的价值。这是你的岗位价值体现。

那么，我们怎样驱动和赋能他人呢？我认为可以通过以下六步来实现：

一、定目标

作为领导者，你需要为下属和团队制定出清晰的目标，比如项目目标、预算目标、人员目标等，并且通过监督、指导、反馈、沟通等，提高下属或团队的胜任能力，从而高效地开展工作。

二、配资源

你要为下属和团队提供各种资源，并且鼓励下属和团队有效地利用这些资源，解决发展中的各种问题。

三、"捋"流程

一个员工干活儿，总干得不顺利、效率很低，这时就需要你耐心地帮他"捋"流程，比如第一步该怎么做、第二步该做什么等。这样一来，就相当于你一直在驱动他、赋能他。得到了你的帮助，他也更愿意跟随你，未来甚至可能成为你的得力帮手，这就间接提升了你的岗位附加值。

四、抓进展

当你发现一个人的工作总是拖延，效率很低，你就要时刻关注他的工作进展，并拉着他向前走，帮他提高工作效率，这对他而言就是一种驱动与赋能。

五、拿成果

你不断地激励和赋能下属，目的是什么？自然是为了看到工作成果。不管任何工作，都不能只有过程没有结果，而结果如果不是工作需要和认可的，也不能称之为成果。所以，你还要先把成果界定清晰，便于下属明确自己的努力目标。

到了这一层，其实就开始以结果说话了。你的成果越好，重要性相对越大，那么你升职加薪的可能性也就越大。所以，有很多人不理解，我明明每天都在加班啊，没有功劳也该有苦劳啊，为什么就得不到提拔加薪呢？原因就在于你可能会得到掌声，但未必能得到最后的认可。任何的辛苦从来都只有建立在成果之上，才能得到承认。

六、给评价

你所在的企业不论大小，一个靠谱的领导者都会及时地给予下属和团队工作反馈，这不仅能让下属与上级在交流过程中拉近距离，还能积极推动下属的工作进步，提高整个团队的协同能力与工作积极性。

以上六步，就是我们驱动和赋能他人的整个过程。从这个过程可以看出，在企业中，从高层到低层，永远都是驱动和赋能的作用，而从低层到高层，则永远都是给成果、给成果、给成果。不论你所在的是一个优秀的企业，还是一个优秀的团队，只要你给出的成果好，那么你就有机会向上走；你站得越高，就越能驱动和赋能他人，你的岗位附加值就会越高，你在企业内的价值也就越高。

现在我们来做个小总结，职场竞争的本质，实际上就是你的岗位附加值高低，以及你是否能够驱动和赋能他人。岗位附加值越高，越能够驱动和赋能他人，你的薪水职级也会越高。要做到这一点，就需要我们每个职场人都学会用管理的思维去做事，因为你让别人有效率、有成果，本质上你自己的状态、能量、价值、不可替代性才会更高。当然，这不是说你要绞尽脑汁地成为企业中的领导，而是说要有这种渴望，要让自己成为企业中更有价值的角色，而不是满足于当下具体执行者的角色。当你能够站在整个企业的角度去提出关键任务，为下属提出清晰的工作目标时，你就成了驱动和赋能别人的人，而且也能够促使别人产生更多新的价值。能够做到这一点，你就能获得更高的职位和薪水，因为职场永远都是围绕着价值发展的。

工资的本质：职位定价

想要拿到更高的工资，你就要承担最重要的工作，创造出最高的价值。

每一位职场人士，肯定都希望自己能拿到更高的工资，但有时不知道怎样才能提高自己的薪资。尤其是企业中的很多岗位都是定薪的，并没有提成，这对提升工资就较有难度了。很多人认为，工资就是企业给自己的定价，衡量自己的工作值多少钱，这其实是个错误的想法。

事实上，工资是企业给职位的定价，是由职位的重要性所决定的。比如一个初创的企业，产品研发很重要，那么这个职位就很值钱，产品研发人员的工资也会比较高；而当产品体系稳定后，研发可能就没那么重要了，重要的则是产品推广了，而这时销售人员的工资就提升了。

由此可见，工资其实都是发给职位的，而职位的背后是责任和价值。谁承担的责任越大，谁创造的价值越大，职位的定价就越高。这就是工资的真正本质。所以，我们经常听到老板在员工面前说："好好干，每个人的工作都很重要，都是缺一不可的。"听上去很正确、很激励人心，但事实上并非如此，否则为什么不给每个职位上的人都发相同的工资呢？企业是一个自上而下的评价体系，价值的高低都是自上而下决定的。不同职位的人拿着不同工资，本质上也是企业为职位的重要性进行的分级。所以，是你的职位价值决定了你的工资多少，而不是因为你这个人。老板真正想说的，其实是每个人的工作都"很有必要"，而不是"都很重要"。

所有的企业都在做"蛋糕"，并且都要把所做"蛋糕"做大，而你要想分得更大的"蛋糕"，最好的办法就是不停地往"上游"走，担任更重要的职位，而不是抱怨老板不懂得慧眼识珠、不懂得挖掘人才。员工只有在更重要的职位上，承担更重要的责任，才能有机会带领团队一起把"蛋糕"做大，企业才愿意分给你更大块的"蛋糕"，给你升职、涨工资、发奖金。

从这个角度来说，我们这样做其实也是在不断地提升自己的岗位附加值。接下来我们反向思考一下，我们从企业中所获得的薪酬构成都是什么样的呢？简而言之，我们所拿的是固定工资还是变动工资？固定工资和变动工资又是由哪些内容组成、由什么来决定的呢？

薪酬的五种模式

企业的薪酬模式设计通常都要高度遵循企业的发展战略，以促进和推动企业的快速、稳步发展。缺乏了战略匹配的薪酬导向，只会对企业的发展起到阻碍作用。

概括起来讲，企业基本的薪酬模式有五种：

一、以专业技能为主要考量的薪酬模式

这种薪酬模式不难理解，就是以员工所具备的技能或能力作为支付薪酬的根本基础，而不是以职位等级、职位价值高低等作为依据。通俗来讲，就是你要有好的技能或能力，这样才能拿到高工资。

这种薪酬模式主要适用于企业中的技术人员，如科技研发人员、技术工人、专业的管理人员等。

二、以岗位职级为主要考量的薪酬模式

这种薪酬模式就是以岗位的价值作为支付工资的依据。在确定某位员工的基本工资前，企业会先对岗位本身的价值做出客观评估，然后再根据评估结果为承担该岗位的员工提供与岗位价值相当的基本工资。简而言之，就是你在什么岗位拿什么钱，对岗位不对人。

这种薪酬模式主要适用于企业内的骨干员工，比如主管、总监等。

三、以绩效评价为主要考量的薪酬模式

这种薪酬模式一般以经营型目标的完成度为主要依据，兼顾相关价值贡献度，来向员工支付工资，其中包括底薪、提成、奖金、分红等，或者做到某个阶段时还有额外的奖励等。

这种薪酬模式主要适用于企业内的生产工人、管理人员、销售人员等。

四、以市场同业为主要考量的薪酬模式

这种薪酬模式主要以参考同行业相关岗位、主要竞品企业的相关岗位发多少工资，来确定自己内部各岗位的薪酬水平。至于是采取高

于、等于还是低于市场同业水平，要考虑本企业的赢利情况、人力资源策略等。

这种薪酬模式主要用于企业内的核心人员。

五、以任职年限为主要考量的薪酬模式

这是一种简单而传统的薪酬模式，是按照员工为企业服务时间的长短来支付相应的薪酬。它的基本特点就是员工在企业内工作的年限越长，所拿的薪酬就越高。

目前，大部分企业已经不采取这种薪酬模式了，但有些大型的咨询公司、律师事务所等仍然会采用。

以上为当前企业中比较主流的五种薪酬模式，它们各有优点，也各有不足。但是，要深入了解薪酬的本质，我们还需了解一下企业划分薪酬的三个层次。

薪酬的三个层次

对于任何一家企业来说，薪酬体系都不是一个简单的、一拍脑袋就能决定的体系，它是有着清晰的层次的。不同层次的薪酬具有不同的特点，同样也发挥着不同的作用。企业在设计薪酬层次时，往往会采取不尽相同的依据，从而使薪酬体系中的各种激励措施可以结合实际工作，对员工达到最佳的激励效果。

概括来说，企业的薪酬可分为以下三个层次：

第一层：基本保障薪酬

基本保障薪酬，主要是保障员工的基本生活需求，一般包括岗位工资、工龄工资、全勤工资、福利补贴等。这一层次的工资发放具有一定的规律，基本都是一个月发放一次。通过拆分，工资中可能有一部分比例会延迟到年底一次性发放，这部分工资被称为年终绩效工资。

第二层：短期激励薪酬

短期激励薪酬，一般是指与某个短期项目有关的薪酬，如绩效工资、奖金提成等。这种薪酬主要适用于企业的优秀员工，对提高员工积极性具有很大影响，因为激励薪酬属于额外的薪酬给付，并且不具有普遍性，所以当短期激励薪酬增加时，员工就会受到很大的激励，工作积极性也会大大提高。

第三层：中长期激励薪酬

这一层次的薪酬主要适用于企业的合伙人、经理人等高层管理者，一般包括年度绩效奖金、股票期权、虚拟股份、任期激励等。

以上为企业薪酬的三个层次。这里我要提醒大家一下，不是每个企业都能这样设计薪酬层次，尤其是创业型公司，在很长一段时间内都很难清晰地规划出这样的层次。所以你在进入一家企业时，不必要求企业一定要具有完整的薪酬激励体系，只要公司业务发展快，公司有发展前景，你能多劳多得就可以了。当然，一些大型企业通常都有清晰的薪酬层次划分，也有中长期的激励薪酬，如年度奖励等，但短期激励可能很难做到位。

通过薪酬的这三个层次，我们可以看出，如果想拿到更高的薪酬，那么就要让自己升上更高的职位，最好能达到经理人、合伙人的层次。其实很多人在找工作时都是抱着一种员工心态，不想承担太大的责任，都特别计较薪水，总是抱着这种心态"混"职场，这样是很难有机会获得升职加薪的。

绩效和奖金的区别

前文我们提到，在激励薪酬当中包括绩效和奖金，那么你知道绩效和奖金有什么区别吗？

我之所以单独把这个问题拿出来讲，是因为有一些人在进入企业后，上来就跟企业领导说要绩效或者要奖金。但如果你不清楚这二者的区别，在你想要争取时，可能很难争取到想要的利益。

我这里有一份表格，大家可以看一下。

表1-1　绩效工资和奖金有什么区别？

要项构成	绩效工资是常规项目 根据员工的考核表现发放 不是有没有，而是发多少	奖金是非常规项目 根据企业经营效益决定 企业效益不好时可以不发
比较基准	绩效工资参照外部市场	奖金参照企业自身经营情况
挂钩侧重	绩效工资侧重个人绩效	奖金侧重企业经营业绩

首先，通过这份表格我们可以看出，绩效工资属于常规项目。也就是说，当你选择进入一家优秀的企业时，这个企业通常都有常规的绩效考核，也就是根据员工的考核表现来发放工资，员工多劳就能多得。当然，它是有一定范围区间的，不是有没有的问题，而是多与少的问题。

但是，奖金不属于常规项目，它是根据企业的经营效益决定的，企业效益不好，奖金就可以不发。

其次，绩效工资是岗位价值回报的一部分，它要参照外部市场。比如在技术岗位，外部市场的通常做法就是固定工资加项目奖金，那么企业也会参照这种做法，甚至生怕自己给低了，人才被其他企业挖走。

但是，奖金是参照企业自身经营情况来决定的，关键要看企业当年的经营情况。一旦当年经营情况不佳，那么员工就难以领到奖金。

此外，绩效工资侧重的是个人绩效，奖金侧重的是企业的经营业绩。这也是两者的一个很大的区别。

弄清了两者的区别，我们就明白了，为什么我们明明干得很好，但老板就是不发奖金，原因可能就是企业整体的经营状况不理想。这时，如果你想要争取更高的薪酬，就可以这样跟老板说："我也理解咱们公司今年业绩不佳，老板您看这样行不行，我不要年终奖，您把我的绩效向上调一调。"如果你的老板同意了，那么恭喜你，你拿到的绩效工资可能比年终奖更多。

这是什么意思呢？

举个例子，假如以前你为公司赚 100 万时，你能拿到 3% 的绩效工资，那么现在你可以向老板提出，当你为公司赚 100 万时，你希望拿到 3.5% 的绩效工资，或者当你为公司赚 200 万时，你希望拿到 5% 的绩效工资。以此类推，上不封顶，大家可以试试看。

最后，我们再来回顾一下工资的本质，它其实是对职位的定价，并且由固定工资和变动工资构成。固定工资就是你的基本保障薪酬，变动工资则包括绩效工资、奖金、股票期权、虚拟股份等多种形式。不管你拿的是哪种形式的薪酬，这些薪酬实际上就是你的赢利模式。

现在我们结合以上内容梳理一下自己的薪酬结构，看看我们自己在职场中都是如何赢利的。除了拿基本保障薪酬外，是否拿过短期激励薪酬或中长期激励薪酬？假如你没有短期激励薪酬或中长期激励薪酬，那么说明我们的岗位附加值还不够高，我们还需要继续努力提升自己。只有我们的岗位附加值越来越高了，我们才有可能拿到更为理想的薪酬。

绩效考核的本质："多打粮食"

绩效考核的本质应该是"多打粮食"，而不是"多种地"。

什么是绩效考核？

如果用一个定义来解释它的话，就是企业在既定的战略目标下，运用特定的标准和指标，对员工过去的工作行为及取得的工作业绩进行评估，再根据评估结果对员工未来的工作行为及工作业绩产生正面引导的过程。

其实，我们可以把绩效考核理解为两个字：考和核。考，就是企业给你出一些难题，让你解决；核，就是要看你解决得怎么样。所以，绩效考核是企业管理员工的一种手段，是对员工完成目标情况的一个跟踪、记录、考评的过程，但是它要为企业的战略目标服务。

绩效考核在企业发展的每个阶段都是不断变化的，比如在创业期，企业会特别看重销售，那么考核的重点就是销售业绩；到后期，企业品牌影响力逐渐增强，全国已经有了很多代理商，市场也趋于稳定，这时企业业绩考核可能就不考核销售业绩，而是考核客户满意度了。

所以说，绩效考核从来不是一成不变的，它要服务于企业当下的目标和战略，企业需要什么，就考核什么。但对于员工来说，不管企业处于哪个发展阶段、考核什么，有一条却是不变的，那就是薪酬都是按劳分配的，你多出成果，肯定就能多拿报酬，这就是企业绩效考核的本质。

不同视角下的绩效考核

在英文中，"绩效"的原意是"表现"。也就是说，企业管理中的绩效考核，其实是对员工工作表现的考核，并且是针对当下员工的工作表现进行的考核，它随时都可能根据企业目标做出调整。

所以，我们在公司里经常听到这样的评价：某某员工明明勤勤恳恳、任劳任怨工作，为什么考核却不合格呢？按照现在绩效考核的要求来说，这样的评价几乎等于废话，因为站在企业的角度来说，绩效考核只考核员工与企业目标相关的部分，至于勤勤恳恳、任劳任怨工作，也要看是否与企业目标有关。如果没有对达成目标起到作用，那就是没有价值的。不能创造价值，自然也就得不到价值分配。

而站在员工角度来说，绩效考核恰恰是为员工提供了公平的竞争规则。只要你有能力，能出成果，那么你就能获得升职加薪；否则，哪怕你每天都勤勤恳恳、任劳任怨，干不出成果来，考核同样通不过。因此，绩效考核既是企业保障公平的分配规则，又是可以有效地激发员工工作的积极性和创造性助推器。

通过从以上两个不同视角来看绩效考核，我们可以看出，绩效考核是企业的一个管理手段，并且每个企业的绩效考核方式都不同，没有标准的模板。它永远只服务于企业当下的目标和战略，且可以随时调整，没有绝对的正确或好坏之分。你能接受，就要遵守这个原则；接受不了，那就得去选择新的"赛道"了。

集体"多打粮食"，个人"多分粮食"

要深入地理解绩效考核，我们先来看一个案例：

1978 年在农村实施的"包产到户"，也叫家庭联产承包责任制。在这之前，农民都是吃"大锅饭"，大家一起种田、一起吃饭，看起来似乎亲如一家，但慢慢弊端就显现出来了，有的人开始偷懒，不想干活儿，因为干多干少都一样，都是为了吃饱饭。既然能吃饱饭了，我为什么还要多干活儿呢？

于是，国家就提出了一个新的政策——包产到户，就是把一块土地分给你，你全权负责，自己种地、自己除草，打下的粮食除了按规定上缴一部分给集体和缴纳国家税金外，剩下的你自己处理，多出来的还可以拿去卖钱。

这就调动了农民种田的积极性，因为可以按劳分配、多劳多得！

绩效考核也是这样一个道理，简单来说就是 12 个字：集体要"多打粮食"，个人要"多分粮食"。你多发挥能力，帮助整个企业多赢利、多赚钱，那么，企业中的每个人就可以分到更多的钱。这既是绩效考核的初衷，也是绩效考核的结果。

但是，现在很多企业仍然在大量"种地"，却不见"多打粮食"，为什么这样说呢？因为这些企业在做绩效考核时，考核的往往都是一些不重要的事，比如员工迟到早退、没有按规定佩戴工牌、没有遵守员工规则、没有按时拜访客户等，结果员工每天都在"地里"忙活，可就是"打不出粮食",更别说"分到粮食"了。原因就在于员工把精力都放在一些鸡毛蒜皮的小事上了,哪还有精力去做业绩、出成果?

所以,我们在工作中要学会取舍,"哪块地有粮食",我们就重点去"耕哪块地",而不是"什么地"都去忙活,要学会"多打粮食",而不是"多种地"。当然,如果你只求稳定,觉得只要能吃饱就行,不需要"存粮",也不需要"打太多粮食来卖钱",那么你可以选择已经过了增速期的企业,这类企业在稳步发展阶段,你在那里只要不犯大错,都能拿到稳定的薪水。但如果你想拿高薪,就一定要选择那些发展迅速的企业,因为它要快速发展,就必然会追求业绩,只要你能出业绩、能"多打粮食",就一定能"多分粮食"。要知道,一切的报酬都是从成果分配出来的,只要你能为企业带来丰硕的成果,就一定能从中获得属于自己的那一份报酬。

绩效考核要持续复盘和优化

大家都知道,华为的绩效管理是做得非常出色的,现在大部分企业内部的人力资源管理都效仿华为的人力资源管理价值链。

下面这幅图,就是华为的人力资源管理价值链:

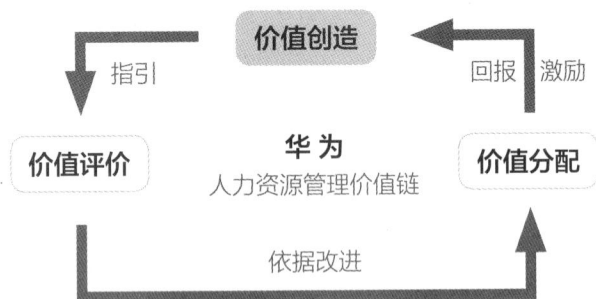

图1-3 华为人力资源管理价值链

从这幅图中可以看出，员工在企业中最重要的事情就是创造价值，之后企业会对价值进行评价。

比如，李某在 7 月份创造了 500 万的业绩，而张某在 7 月份创造了 800 万的业绩，那么张某的业绩评价就要高于李某。在评价之后，就要进行价值分配，既然张某的业绩更好，那么张某所获得的报酬肯定就要比李某更高，这是对张某努力的一种回报和激励。

所以你看，人力资源管理也好，绩效考核也好，简单来说就是让大家往最有效的事情——创造价值上努力，之后再来评价谁干得好。谁干得好，就多给谁分配价值，从而激励他再次创造更高的价值。这就是各尽所能、按劳分配、多劳多得的一个闭合的价值链条，也是绩效考核的一个闭环。

由此，我们在职场上就要不断对自己进行复盘和优化，其具体步骤如下图所示：

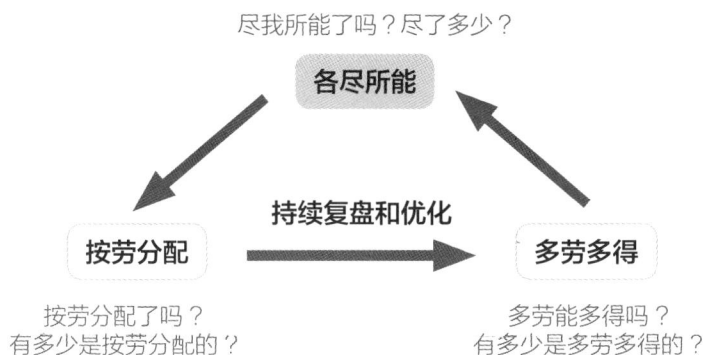

尽我所能了吗？尽了多少？

各尽所能

持续复盘和优化

按劳分配　　　　**多劳多得**

按劳分配了吗？　　　　　　　多劳能多得吗？
有多少是按劳分配的？　　　　有多少是多劳多得的？

图1-4 持续复盘和优化

我们讲，职场都是公平竞争、各尽所能，那么你就要经常对自己的表现复盘一下：我真的尽到所能了吗？尽了多少？绩效考核是按劳分配，我所在的企业在进行绩效考核时是按劳分配吗？有多少是按劳分配的？多劳真的多得了吗？我有多少收入是通过多劳获得的？等等。

在复盘之后，我们还要善于对评价结果进行分析、总结经验，继而不断优化自己，提升自己的能力和岗位附加值。只有这样，你才能在职场上变得越来越优秀。

好，现在我们来总结一下这一节的内容。这一节主要讲的是绩效考核的本质，绩效考核只是企业管理的一种手段，没有绝对的好与坏、对与错的区分，它为员工提供了一个公平的竞争规则，同时也保障了企业对员工公平的分配规则。

绩效考核是随时可以调整的，但本质上是按劳分配、多劳多得。如果你想多拿钱，就要去高速发展的企业，多为这样的企业创造价值，"打出粮食"，你分得的成果、获得的回报，也一定会越多。记住，要"多打粮食"而不是"多种地"。

最后，我们还要持续地对自己进行复盘和优化，从过去的工作中分析总结经验教训，并根据各关键节点的得失思考新的工作方法，学会管理自己、提升自己，让自己始终处于一个上升的态势，从而一直走在企业绩效考核的闭环之内。

上班的本质：单位时间价值最大化

上班不仅要拿到最基本的薪水，还要让自己在单位时间内为组织创造最大的价值，让自己获得最大的回报。

经常有学员问我："为什么同样是 985 或 211 院校毕业的两个

人，几年后薪酬却一个天上一个地下呢？""为什么同样是跳槽，有的人越跳拿的薪酬越多，有的人却越跳薪酬越低，甚至面临失业的风险呢？"……

一般在这些时候，我都会先反问一下对方："你是如何理解工作的？"有些学员就会回答说："工作不就是上班、干活儿，然后拿钱呗，如果感觉工作不合适了，就跳槽啊！"

这是很多职场人的想法，就是我去应聘，找到了一份工作，然后去上班，领工资，再上班，再领工资……最后干个三五年，感觉在这家公司"镀金"镀得差不多了，就跳槽，换个能挣得更多的新工作。

如果你也是这样理解工作的，那么我要告诉你，你会越"混"越惨。为什么呢？因为这个过程中间缺少一个重要环节，就是价值创造。你选择一份工作去上班，绝不仅仅是为了拿最基本的薪资，而应该是尽自己最大努力，为组织创造更大的价值，同时也让自己在这个过程中获得最大的回报，这才是上班时真正所应该具备的心态。

高效利用自己的时间

我们每个人每天拥有的时间都是相等的，但不同的人在相同时间内所做的工作却相差很大，收入自然也相差很大。

比如，有一类我们非常熟悉的工作，就是保安。这种工作似乎不需要什么技能，只要站在门口维持一下秩序或做个登记即可，大部分人都可以做。所以，从事这类工作的人拿的基本上都是固定工资。

而月嫂，属于高级护理人员的一类，属于稀缺技能人员，要有相应的护理技术才行。但是，大多数的月嫂拿的仍然是固定工资，这种就属于稀缺技能固定工资。

再比如保洁人员，也属于一种普通的技能职业，很多人要想做，基本都能做，但保洁人员拿的是变动工资，即多劳就可以多得。

最后再看一类，服装设计师，这也属于一种稀缺技能职业，不是每个人都能做的，因此这类人一般都能拿到"变动"工资，即多做一份工作，就多拿一份薪水，这叫稀缺技能变动工资。

以上我举的例子，都属于技能类的工作，其实管理类的工作同样有这些差异，只不过所有的管理岗位几乎都有绩效，即都属于变动工资。当然，不同层次的管理者，所拿的变动工资也是不同的。

比如，你是一个酒店的大堂经理，那么你只能算是一个普通的管理者，拿到的也只能是普通管理者的薪资。但如果你属于高级管理者，如营销总监、产品总监等，就属于稀缺岗位了，所拿的变动工资就要比普通管理者高好多。

好了，以上我们分析了几种不同的工作类型，从这些工作类型中，你看出它们具有哪些相同点和不同点了吗？

为了便于大家更清晰地了解工作类型中，我把以上几类工作分为三种：

第一种："卖时间"的工作

顾名思义，这种工作就是以固定时间为基础，除此之外没有任何岗位附加值，不管你工作 3 年还是 10 年，也不管你多努力，你每个月拿的都是固定工资。哪怕在这个过程中，你做了很多自认为很重要的、有价值的工作，公司也不会因此就给你多发工资，这就是"卖时间"的工作。保安就属于这一类型，此外安检员、专车司机等，大部分属于此类。

第二种："卖技能"的工作

这种工作是以专业技能为基础，通过专业技能的提升创造出更高的岗位附加值。一些善于学习的人，还会通过不断给自己"充电"，让自己的能力越来越强，赚的钱自然也会越来越多。

第三种："卖管理"的工作

"卖管理"的工作自然是以管理能力为基础了，通过帮助他人创造价值，提升自己的岗位附加值，借此获得更高的薪酬。

以上是三种完全不同的岗位附加值的创造过程，所以，我们的工作是在干什么？是为了让我们自身价值"更值钱"，并且越早"值钱"越好。说得专业一点，就是让我们高效地利用自己的时间，在最短的时间内创造出最高的价值，拿到更高的薪水。比如营销总监、服装设计师等。而保安、司机等，由于岗位价值没有任何变动，显然岗位附加值就很低，获得的回报也会一直很低。

寻找一切可用的资源

在职场上，经常会听到有人说，为什么有些人发展快，领导有什么好事都找他，好资源随便用；而自己埋头苦干好多年，领导却从没给过自己什么资源，真是不公平！

实际上，领导绝不会无缘无故地给一个普通员工一些特别的资源，而有些员工之所以能获得资源，肯定都是自己争取来的。

我们前面曾说过，有一类员工非常优秀，就是"狮子"型员工。这类员工最大的特点就是充满激情、乐于挑战，不愿做一成不变的工作，适合做团队的领袖或项目主管，所以他们争取资源的能力也非常强，总是会主动寻找一切可用的资源。这样当他们拥有了强大的资源后，并且学会了管理资源，就会为企业创造出更多的价值，自身的岗位附加值也会增加。

所以我常说，要想让自己更有价值，就必须主动寻找一切可以用到的资源。假如你每个月能多争取到 5% 的资源，一年后你的岗位附加值就会增加一倍；如果你每个月能多争取 15% 的资源，一年后你的岗位附加值可能就会增加 5 倍。这就是为什么同样都是在职场中干，有些人却比你干得好，工资比你拿得多，而你一直在原地踏步。

为组织创造更高的价值

现在，我们回顾一下自己的工作，看看你的工作类型是属于"卖时间"的，还是"卖技能"的，或者是"卖管理"的。但不管你的工作属于哪种类型，要想获得升职加薪的机会，都必须要能够为组织创造出更高的价值。

有人可能会说，我就是个带货主播，卖多少货拿多少钱；还有人说，我就是个心理咨询师，公司给我派任务，我完成就行。

实际上，带货主播也好，心理咨询师也罢，或者是其他类型的工作，我们都可以在完成本职工作之余，努力提升自己的岗位附加值，间接地为企业创造价值。

以带货主播为例。很多人认为，带货主播只要把手里的货卖出去，工作就算完成了，所以应该属于"卖技能"的工作。但实际上，带货主播也可以靠"卖管理"来赚钱，让自己的层次提高一级。因为一个好的带货主播总能不断总结带货的经验和规律，比如哪类货品最好卖，什么时间段销量最高，以及如何选货品、如何打造团队等。做好这些，你的工作价值就提升了，你为企业创造的价值也就提升了。

再比如，你是做产品设计的，假如要设计一款 App，这款 App 上需要有六个按钮。在设计这六个按钮前，你先对比进行市场调研。在调研后，你发现 1000 个人中有 900 个人完全没有点过第五个按钮。于是，你就把这个数据上报给公司领导："领导，您看这第五个按钮是不是可以减掉，因为有 90% 的用户都不用。"或者"第五个按钮设计是不是有什么问题，为什么 90% 的用户都不用呢？"领导一看，哇，这个产品设计本来很用心的，现在竟发现存在这么大一个问题！由此，公司可能会重新设计这款 App，让它更符合用户需求。这就是你为公司创造的价值。

这两个案例说明了什么呢？说明如果你想成为更强的人，就必须不断突破自己的局限，不断提升自己的岗位附加值，为组织创造更高的价值。组织有了价值，你个人就能拿到更高的回报。

为自己争取更高的回报

这一点不难理解，不论你所在的是哪种行业、从事什么工作，其最终的目标一定都是为自己争取更高的回报。但是，如果你想让自己在单位时间内创造的价值最大化，还要做好一件非常重要的事，就是：忘掉加班。

很多人可能不理解：你不是说多劳多得吗？我加班就是在"多劳"啊，为什么要让我"忘掉"加班呢？

很简单，因为不论你从事什么工作，最终都是在为自己干，你都需要不断提升自己的岗位附加值。如果你不能弄清这一点，每天关注的都是通过加班实现"多劳"，那么你"卖"的就是时间，就是在做最基础的一类工作，这类工作是很难让你获得高回报的。

所以，我们要改变自己的观念，努力让自己走到真正附加值高的岗位上，要"多打粮食"而不是"多种地"，这才叫多劳多得。当然，如果你现在尚未具备这种能力，或者没有这样的环境，也没关系，那就让自己储备能力，等待时机，记住：机会永远留给有准备的人。

以上就是关于工作的本质内容，其实就是让自己最高效地利用时间，寻找和争取一切可用的资源，学会管理资源，为自己争取更高的回报，而在这个过程中，你就为组织创造了价值。通过组织所获得的价值，你也就拿到了自己该有的那份回报。在职场当中，所有的工作都是这样，你能为组织赢利，你就能获得相应的报酬，这就是职场。

所谓的多劳多得，

就是努力让自己走到

真正附加值高的岗位上，

"多打粮食"，

而不是"多种地"。

```
                                                                    ┌── 职业赛道
                                                  决定薪水职级的 ──┼── 个人贡献
                                                  四个因素          ├── 团队贡献
                                                                    └── 成长潜力
                        职场竞争力的本质：──┤ 评估你的岗位
                        岗位附加值              附加值
                                                                    ┌── 定目标
                                                                    ├── 配资源
                                                  驱动和赋能 ──────┼── 捋流程
                                                  他人                ├── 抓进展
                                                                    ├── 拿成果
                                                                    └── 给评价

                                                                    ┌── 以专业技能为主要考量
                                                                    ├── 以岗位职级为主要考量
                                                  薪酬的五种模式 ──┼── 以绩效评价为主要考量
                                                                    ├── 以市场同业为主要考量
                                                                    └── 以任职年限为主要考量
                        工资的本质：──────┤                          ┌── 基本保障薪酬
                        职位定价                薪酬的三个层次 ────┼── 短期激励薪酬
                                                                    └── 中长期激励薪酬

                                                  绩效和奖金的区别
    理解薪
    酬模
    式
                                                  不同视角下的绩效考核

                        绩效考核的本质：──┤ 集体"多打粮食"，个人"多分粮食"
                        "多打粮食"
                                                  绩效考核要持续复盘和优化

                                                                    ┌── "卖时间"的工作
                                                  高效利用自己 ────┼── "卖技能"的工作
                                                  的时间              └── "卖管理"的工作

                        上班的本质：──────┤ 寻找一切可用
                        单位时间价值最大化      的资源

                                                  为组织创造更高
                                                  的价值

                                                  为自己争取更高
                                                  的回报
```

第 二 章

盘点工作业绩

▶ ▶ ▶

"

每个人在实际的工作中，都会去关注自己与同事、上下级的关系，以及自己的工作内容，但是很少会主动去盘点自己的工作业绩：一方面是因为公司内部有专门的人事部门去进行盘点；另一方面，更重要的原因是很多人不知道如何进行具体的盘点。那么，个人该如何盘点自己的工作业绩呢？想要知道如何盘点，首先就要弄明白如何从定性思维走向定量思维。

"

业绩盘点的普遍困惑

很多职场人之所以会在创造业绩的时候，感到无从下手，或者是埋头做了很多工作之后，感觉不到有业绩，那都是因为他们在盘点个人业绩的时候，没有对业绩进行充分的理解。

很多职场人关于业绩方面总是会有这样的困惑：过去的工作自己积累到了什么？过去的工作对自己而言都有哪些价值？为什么明明工作做了，最后却没有业绩呢？

职场上，有类似想法的人不在少数。但我想要反问一句："你觉得自己没什么业绩可盘点，你的业绩总是很少，难道你没有想过是什么原因吗？"或许你会说："因为老板定的目标太高，不切实际。""因为客户太难缠，耗费精力。""因为我的工作效率低，所以完成不了。"

但我想告诉你的是，只要做到定期对个人业绩进行盘点，你所说的这些问题，无论是主观原因，还是客观原因，都是可以得到有效解决的。或许又会有人说："个人业绩盘点有这么神奇吗？"我的答案是：真的有。

所以，想要知道自己为什么会产生这样的困惑，那你首先就要去
了解什么才是业绩，最后再通过对业绩的盘点，找出没有业绩的原因。

感觉自己没什么业绩

很多职场人每天的工作重心，都是围绕着业绩。虽然业绩是职场
人最关心的，但有时候对某些职场人而言，他们意识不到业绩的重要
性，或者是根本就不知道业绩的含义。所以，不懂什么是业绩的人，
如果身边没有一个好领导、好同事、好师傅之类带领的话，就很容易
陷入对业绩的迷茫以及没有自信的状态。

所谓业绩，其实指的就是人们在实际的工作当中所完成的成就。
如果某个人从事的是销售工作，那么他的业绩所对应的就是销售金
额；如果某个人从事的是人力资源工作，那么他的业绩对应的就是招
聘、培训的效果。

既然业绩明确地与工作成果挂钩，为什么还是有很多人总是认为
自己没有业绩呢？是因为自己的工作确实没有取得任何成果吗？对管
理者来说，如果一个员工长期无法在工作当中取得一定的成效，不能
为公司创造价值，那么从成本的角度考虑，管理者会果断地裁掉这名
员工。换个角度来说，既然你可以在企业当中任职而不被辞退，那么
从公司的角度出发，必然是因为你已经做出了一些贡献。

实际上，无论是销售工作也好，人力资源工作也罢，在实际的执
行过程中都需要一个系统的过程才能达成最终的结果。而在这个过程
当中，又包含很多具体的环节，每一个环节对企业来说都是有意义的，
虽然没有达成最终的结果，但并不意味着我们在中间环节创造的价值

就一定要被否定或者忽略。

比如销售人员的工作，就可以大致拆解为拉新、触达、沟通、成交这四个环节。虽然有些时候并不能如我们所愿成功地将产品销售出去，但与客户建立联系，形成有效的沟通，也能够起到强化品牌形象的作用。

从这个角度来说，其实在很多时候，并不是我们没有创造业绩，而是没有准确认识到自身工作的价值。所以，我们需要改变自己的思维模式，换个角度来衡量自己的业绩。

一、不是有没有业绩，而是有多少业绩

在盘点的过程中，我们要避免让自己产生全盘否定思维。不要去做一个容易全盘否定自我的人，因为这样会导致认为自己一无是处。相反，要学会总结、学会定量，至少要看到现在已经取得的业绩，哪怕只是在小环节上取得的业绩。

比如，虽然你在过去好几年的业绩都不怎么样，但是你至少完成了某些业绩。

假设，你某天去拜访了客户，在被拒绝之后你并没有直接回来，而是尽自己最大的能力知道了下次去拜访客户的最佳时间点。除此之外，你还了解到客户在几号楼、哪个楼层、具体的门牌号，这些也算是了解到了客户的具体信息。

那么，在知道了拜访客户的最佳时间点、了解了客户的具体信息后，你就能在之后的工作中，更有针对性地对客户进行营销，有更高的概率可以实现成交。这对企业来说就是有价值的，所以这些工作也算业绩。

正如我们之前所说的，不是达成最终目标才能算是业绩，哪怕最后的整体目标没有达到，但如果完成了最终目标里包含的一部分小目标，也算是取得了业绩。

所以，在工作的过程中，不要轻易地否定自己，更不要否定自己在过程当中的努力。还是以销售人员为例，如果没有成交就否定了自己，不在其他环节上进行提升，那下一次拜访客户的最佳时间点你就永远不会知道，更不可能了解到客户的具体信息，更遑论最终的成交。

二、不去找哪里没做好，而是找哪里做好了

结果不好，全盘否定，这种唯结果论的思维模式，是导致人们感觉自己的工作没有创造业绩的主要原因之一。除此之外，在系统的工作中，过分关注没有做好的环节，忽略相对出色的部分，也会让人们产生同样的感觉。

仔细回忆一下，在我们的学生时代，考试之后愿意到处炫耀的永远都是那些考了高分，得了高名次的学生；而考了低分的学生，即便做出了别人都没有做对的难题，也很少会主动去炫耀。

从个人提升的角度来说，关注没有做好的环节是正确的选择，但从业绩盘点的角度出发，我们也不能忽略自己出彩的地方。像我们在前面讲到的，每一个环节都有自己存在的意义，哪怕只是一点小小的成功，都会对最后的结果起到积极的导向作用。更何况，每一个成功的环节背后，都隐藏着我们自己坚持不懈的努力，怎么能轻易否定自己呢？

在工作中，出现了问题需要及时解决。但同时，也要不断地积累自己的优点、成绩，哪怕只是很小的部分，也都凝结了我们的汗水和

劳动，这是我们的价值所在，也是我们创造的业绩所在。

假设你是一名管理者，同样要以这种思维方式去指导自己的管理方式。如果只是看到员工的缺点，看不到员工的优点，那么即便你拥有很多有巨大潜力的优质人才，在优点长期被忽略、缺点却不断被放大的情况下，也会失去人才，失去发展的动力。

三、守住存量，寻找增量

改变自己对于业绩的整体看法，提升对自身优势的关注度，其实最终就是为了在设计未来发展蓝图的时候，给自己一个更加准确的思路。在业绩盘点的时候，既有的优势，其实就是我们的存量。存量代表着我们当前的工作能力和业绩水平，如果想要做得更好，拿到更多的业绩，我们就要在守住这些存量的基础上，去寻找其他增量。

假设我们把自己的人生，看成一直不断地在爬楼梯，那么，我们只会一层层爬，并不会一下子就到了顶楼，当然，也不会因上不了顶楼，就永远待在一楼。

我们每个人基本上都是一层楼一层楼地往上爬。可是当我们爬到了二楼，要思考自己如何能上三楼。即便没能上了三楼，那也要让自己明白至少上到了二楼。同样，如果有机会到了四楼，你接下来就要找机会上到五楼。

可见，我们在创造业绩的时候，除了要明白自己在创造业绩方面有什么优势以外，不能为了提升之前没有做好的环节，就放弃自己既定的优势。员工想要得到提升，一定要在保持现有优势的基础上去提升，这样才能从整体上提升业绩。

既有的优势，

其实就是

我们的存量。

在我们知道了自己不是没有业绩，而是不知道怎么找出业绩之后，接下来我们要做的，就是要让自己明白，什么才算是业绩。

不知道什么是业绩

我相信大部分的职场人，都曾对个人业绩产生过这样的疑问：为什么我这个月加班干了那么多，却看不见自己的业绩在哪里？

很多人之所以看不见业绩，有可能是因为他们不知道个人业绩的确切范围。想要解决这个问题，其实只需要转变一下自己的思维方式就行了。

比如说，你以前只知道计划表上的都是你的具体工作，但是你不知道哪些工作是能具体产生出业绩的。这样一来，你自然不知道什么算是业绩。所以，你首先要弄清楚什么是业绩。

一、不知道的要问领导

作为职场人，如果你不知道究竟什么才能算业绩，那么你就应该主动去询问自己的领导，自己应该如何做、做什么，才能算是业绩。

如果你没有去问，你的领导也没有主动跟你明确业绩的范围，你自然不知道什么才算业绩；如果你主动去问领导什么算业绩，但是领导却说不知道或者是明明知道你很能干，可就是不给你明确业绩范围，从某种程度上来说，表明了领导不愿意给你涨工资的事实。

在职场上，每个人都是靠业绩生活。不管你身处哪个岗位，即便和别人的岗位不同，但都是在为公司创造价值，而企业自然也要给予员工相应的回报和认可。如果你所在的企业，既没有任何业绩反馈，也不想承认员工的贡献，那么这样的公司根本不值得你留恋。

二、领导认可的才有效

为什么一定要问领导呢？因为只有领导说的才是他自己认可了的。从公司的管理上来说，最底层的逻辑就是抓最重要的事，那么领导认可了的事自然就是最重要的事。

曾有数据显示：大部分的应届生在毕业后进入职场，只有极少数人，到最后能做到年薪百万。之所以会是这种结果，是因为职场人大都没有底层逻辑，大家都在拼概率。

对公司而言，其实是有一定的管理底层逻辑的。所以，你想要遇到一个好公司、好领导，想在知道什么是业绩之后更好地工作，那就不能守株待兔。如果你全凭每天在等老板主动跟自己说什么是业绩；或者是在问了之后老板不回答你，但是你看在岗位稳定的情况下就不再努力，那你永远都不会知道什么是业绩。

只有从领导那里问出来什么是他认可的业绩，我们才能在知道业绩范围的情况下，有针对性地投入更多精力做跟你薪水直接挂钩的工作。这样一来，到你手上的薪水才会越来越多。这也是我们一定要知道什么是业绩的原因。

作为职场人，我们都想让自己找到一个好的"赛道"，以便自己发挥出真正的才干，这样我们才能在职场上做得越来越好。所以想要做得好的前提就是，在进入好的"赛道"之后，必须先要知道业绩的范围在哪里，这样才能着手去做增加业绩的工作。

但是也有一种情况例外。比如说，目前在公司销售方面的业绩增长十分良好的大前提下，你处于一个职能岗位，如果这时领导暂时还没有给你业绩，那么你可以不那么着急。因为既然公司在销售业绩方面保持着良好的增长，就说明公司目前把精力都放在了市场上。所以你大可以先看看公司的发展情况，"陪着"公司往前走一段路。同时也给公司传达出了你的态度：你不着急自己的个人业绩，但为了帮助公司愿意全力以赴一起做市场。虽然你需要让自己从领导那里知道什么是业绩，但是任何事情都是环环相扣的，你要学会分清轻重缓急，分清什么是大事和小事。

所以，对职场人来说，当你不知道什么是业绩的时候，你要学会自己复盘，但不知道什么算业绩的时候，就要找公司领导来谈。这样一来，你不仅能找到一个好的"赛道"，还能让自己的职业生涯得到良好的发展，并在确定"赛道"以后跟团队或领导反复沟通，这对你来说是最重要的。

通过以上两步，大概可以知道什么算业绩。从个人的角度出发，了解了什么是自己的业绩，那么在之后的工作中就会很有干劲；从企业的角度来说，你把身上的潜力发挥出来，你到最后就能创造出真正的价值；这对公司而言也是最重要的底层逻辑。

每个组织、每个部门、每个岗位都有自己的一套自上而下的目标评价体系。比如在公司里，从高层到一线，是从上至下给目标、资源和评价；反之，从员工到领导，也需要从下至上不断地给公司提供成果。所以，一个好的组织、一家好的公司，不仅会把你的长处与你的业绩结合在一起，让你的长处与业绩目标实现捆绑，还会告诉你什么算是业绩，也只有在这个基础上，你才能实现赋能和驱动，不断地创造出特别多、特别好的业绩成果。

图 2-1 公司的逻辑

在这个过程中，不论你是作为一名员工，去做员工的业绩盘点，还是作为一位领导，去做员工或者是自己的业绩盘点，你在做业绩盘点的时候都一定要具备一种思维，那就是"定量思维"。所谓"定量思维"，就是在思维过程中分析与综合的一个基本依据，量化是从数量上揭示客体特征，及说明确定特征之间属性的一种形式。

简而言之，就是要量化自己的工作成绩。比如说每天拜访了多少人，打给客户多少个电话，每天成交了多少单，每天成交的金额有多少，等等，尽量把这些比较具体的内容量化。只有做到量化，我们才好分析和盘点。比如说，领导问你这么一个问题："最近客户有什么反馈吗？"显而易见，领导之所以会问你，是因为他想从你的回答里发现有效的信息，而你的回答如果只是"反馈的意见是都挺满意"的话，那肯定就没有给出领导想要的东西。

如果你能从定量思维出发，不用模糊、不具体的描述，而是用具体数据或具体事情来回答领导的话，就能让自己说到重点上，领导也能知道清晰的结果。除此之外，定量思维最关键的地方在于，能让员工通过定量思维量定出自己的工作业绩，以达到业绩盘点的最终目的。

举个例子，你作为人力资源工作者，一个月要面试的人很多，陆陆续续地每天都会有面试。等一个月下来，你也不知道自己究竟面试了多少人。但是如果你采用定量思维，用数据的方式来让人数具体化，就能很直观地知道自己一个月面试的人数。比如说，通过数据你总结出了在这个月，总共面试了 50 个候选人。某个岗位的最低要求是统招本科，其中重点本科有 2 人，普通本科有30 人。那么通过数据的直接展示，你不仅能知道总的人数，还能很直观地了解到在面试的人数中有 18 个人不合格。所以，这就是用数据来做总结的重要性，这也是你做人力资源工作至少要做到的总结程度。

我们再来看，你在面试的 50 个人身上，平均每个人需要用时 18 分钟。但是在你重新盘点后发现，你在被录用的人身上平均花了 35 分钟，而这，就叫数据和规律。

再比如，你作为行政人员来说，在盘点了销售部全体员工的办公电脑之后发现，其中笔记本电脑的数量占到了 95%，但是有 80% 的员工属于坐班制办公。那么，这个数据又能表明什么呢？第一，表明笔记本买多了；第二，笔记本电脑跟台式电脑相比较，价高且折旧快。

所以你就可以跟公司提出一个减少成本的方案：公司原本 80% 的员工属于坐班制办公，给其中 40% 的员工配备什么电脑能省多少钱。通过这些数据，让公司达到了节约成本的结果，这就是你作为行政人员的业绩。

把工作中的一些结果，用数据的方式展现出来，这种具体的数字就是量化。在工作中，用定量思维不仅能让工作结果变得一目了然，

把工作中的一些结果，

用数据的方式

展现出来，

这种具体的数字，

就是量化。

还能直观地通过定量思维里的数据化，知道自己为公司创造的业绩在哪里。

总而言之，不管你是做人力资源、行政，还是医生、护士等其他工作，如果你能有这样的思维方式和工作效果，那么很明显，你一定会成为最优秀的员工，并且还能在未来的工作过程中，能准确地找到自己的业绩，再也没有对个人业绩盘点的困惑。

业绩盘点的四种作用

不盘点，你怎么知道自己干得是好是坏；不知道自己干得是好是坏，你拿什么去跟老板谈升职加薪。

当你从定性思维转为定量思维，搞清楚了什么是个人业绩之后，接下来要做的就是对个人业绩进行详细盘点。看到这儿，或许有人会说："我的业绩就那么一点，有什么可盘点的？"还有人会说："盘点业绩有什么用？不过是浪费时间罢了。"

如果你认为这只是浪费时间的话，那就错了。通过业绩盘点，你可以对照已完成的部分和未来的既定目标，找出两者之间的差距；然后分析这种差距，把执行过程固化为几个标准流程。这样一来，你就能知道真正能让你产生业绩的具体工作走哪些流程；再根据业绩评估，以及对比同事同行，就能知道自己的相对实力；最后，你还能通过盘点，总结出自己在创造业绩方面的具体经验，从这些经验里提炼出核心能力之后，可以更高效地往下一个业绩目标冲刺。

由此可见，做好业绩盘点，是个人提升业绩、成为公司重要员工的关键。

"照镜子"：对照既定目标分析差距

对职场人来说，"照镜子"就是进行业绩盘点的第一步。所谓"照镜子"就是用实际完成的业绩与既定的目标进行对比，找出差距并分析原因。

举个例子。你在一家新媒体运营公司负责内容撰写的工作。8月份你一共撰写了60篇带货文案，拉动的销售额达到了800万，超出既定目标15%。这时候你就要开动脑筋来做一道数学题，计算一下你的既定目标销售额是多少，并对此进行分析。

你超出既定目标15%的关键是什么？也就是说，你要弄清楚，自己做了哪些工作或者投入了哪些资源，才实现了这15%的增长？是增加了工作时间，还是提高了工作效率？是增加了投放渠道，还是更换了投放渠道？

通过"照镜子"，找到业绩增加或减少的关键所在，是业绩盘点最基础的一个作用。我们一定要在日常工作中真正学会使用标杆、公式以及底层逻辑的能力，然后用这些能力去规律地做事。因为，在职场中工作得越久，越要能把这些能力灵活运用。

那么，找到了业绩产生差距的原因之后，接下来该怎么做呢？

"刻模子"：把执行过程固化成流程

照完"镜子"之后，业绩盘点的第二步，或者说业绩盘点的第二个作用就叫"刻模子"。这个很好理解，很多人吃过月饼，而且也都了解月饼的制作过程：把装好馅料的面团放到准备好的模具里，压一压，各种形状的月饼生胚就完成了，再放到烤箱里烤一下，成品月饼就出炉了。可以毫不夸张地说，利用了这些模具，谁都可以把月饼做得很漂亮，因为我们已经把做月饼这件事固化成了一个流程。在我们的日常生活中也有很多被固化的流程，比如扫码点餐、对号入座。

把执行过程固化成流程，也就是把"模子"刻好了。任何一个员工如果都能按照这个"模子"把工作做好，这就是"刻模子"所起的作用。在业绩盘点中"刻模子"是非常重要的一环。到了"刻模子"的阶段，你要盘点的就不再是业绩比既定目标多了多少，而是要通过盘点解决几个问题：照这个方法或流程来工作，下个月还能达到这个增长额度吗？如果想要达到或保持这个增长额度，应该怎样去做呢？怎样能保证谁来做都能做到这个业绩呢？这是很关键的管理能力。

还是拿上述的案例来讲。8月份你的业绩达到了800万，"照镜子"之后发现，业绩增长15%是因为优化了一套消费品行业通用的带货文案流程。在这800万的业绩中，其中有600万的业绩来自大众消费品，比如饮料、食品以及简单的家居用品等。然后你发现，在这个创造了600万业绩的大众消费品领域，你的带货文案撰写能力已经很扎实了，而且你还梳理出了一套相关的流程：第一，你总结出了让一篇文案被读完的四步法，按照这四步法去做，文案的读完率会得到提升；第二，你总结出了转化率"暴增"的三个关键，把这三个关键点都做到位，600万业绩就会轻松"拿到"。

我在前面讲到了两个词大家应该还记得，一个是守住存量，另外一个是寻找增量。在这个案例中，用固化的流程完成这600万业绩就是存量。所谓存量，就是只要按照固化的流程去做，在熟练之后，就可以给你兜底的东西，这些东西可以让你走到哪儿都能充满信心，心中不慌。

很多职场人之所以在工作中经常说自己没信心，其实就是因为不知道投入之后一定会带来什么。而"刻模子"可以让你清楚地分析出，在你的工作岗位上可以真正产出成果的固化流程有哪些。按照固化流程去操作，并在实践中不断去打磨，那么，你的业绩无论到任何时候都能拿得出手。

"称体重"：根据业绩评估相对实力

所谓"称体重"，就是在做业绩盘点的时候，"称称"你的业绩有多少。当然，"称体重"跟"照镜子"，虽然都是为了看清业绩，但目的不同。"照镜子"是为了找到差异并分析出导致差异的原因，而"称体重"则是为了评估出你的相对实力。为什么说评估的是相对实力呢？因为这里有两条重要的参考线：

一、同事的业绩水平是多少？

这里还可以延展一下，你不仅要了解同事的平均业绩水平，还要了解你的业绩在所在部门排第几，以及你的业绩在你们公司的历史水平中排第几。如果你在部门中排第一，达到甚至超过了公司历史的最高水平，那么你还用担心老板不器重你吗？

前面我们提到了，你通过"照镜子"和"刻模子"找到了业绩提升的关键——优化形成了一套消费品行业通用的带货文案流程。然后在接下来的工作中，你把这个固化流程持续应用在工作中，9月份的业绩继续提升了15%，10月份、11月份、12月份，提升的幅度都在15%左右。年底的时候，你去找老板，然后对他说："老板，在过去的半年时间里我的业绩连创新高，这是相关数据材料，您看一下，我晚一会儿再过来跟您聊。"不出意外，升职加薪离你就不会太远了。

当然，如果你的老板无动于衷，那么我可以明确地给你一个建议：跳槽吧。在现实的职场中，面对这种状况依然选择视而不见的老板几乎没有，不要说连续半年业绩创新高，只要连续三个月做到这一点，在老板眼中你就已经是不可或缺的人才了。

二、同行的业绩水平是多少？

如果通过了解之后你发现，同行的业绩水平远远不如你，那么从薪酬这个层面来说，你不仅可以向老板提出要求，而且可以随便选择跳槽的公司。

对职场人来说，最不应该出现的状况就是：自己辛辛苦苦做了一大笔业绩，但是不知道自己的同事做了多少，也不知道同行做了多少。称过了"体重"，心里依然没底，自己是不是"有点胖"？还是"太瘦"了？是该"减肥"还是该"吃肉"呢？答案是不知道——这就不妙了。

通过"称体重"，可以从以上两个方面评估出你自己的相对实力。跟"照镜子"和"刻模子"相比，"称体重"更加直接。当你知道了自己的业绩在本公司以及本行业内的排名之后，就会对自己有一个更加直接的认知。如果这两个排名都很靠前，那这就是你的底气和自信的来源。

"练内功"：透过经验提炼核心能力

真正的武林高手，厉害之处不在于外在的招式，而在于内力的修为。内力到达一定高度之后，任何东西在他们手中都可以幻化为利器，杀人于无形。在业绩盘点的过程中，"练内功"是指总结经验，提炼核心能力。当你根据经验把核心能力提炼出来之后，你的"内功"自然就练成了。

那什么是核心能力呢？简单来说，核心能力就是所有公司都长期需要，而且可以保持长期不变的一种能力。比如说，如果你所在的是一家销售类公司，那么销售能力就是你们公司的核心能力。而如果你不在销售部门，这时候你就可以通过一些途径去学习有关销售的知识，不断获得并持续提升自己的销售能力。当你掌握了很强的销售能力，并在适当的时机展现出来后，在公司内你的核心人才身份基本上就可以定性了。

通过每月不间断地进行个人业绩盘点，"照镜子""刻模子""称体重"已经被你运用得融会贯通，你的业绩也会在不断地提升，从 8 月份的 800 万，增长到了年底的 1400 万左右。在这期间，你沉淀出了一项核心能力，这项核心能力就是带货文案的数据分析能力。

所谓带货文案的数据分析能力，就是通过一篇带货文案的相关数据，能够从中看出接下来应该怎样对其进行优化。对做营销的人来说，这项能力可以说是至关重要的，这就是核心能力。

当然，大多数的时候，这项能力刚被提炼出来时，你驾驭它的水平不会太高，这需要长时间的积累和成长。而当你通过时间的沉淀以及经验的累积，把这项核心能力提升到了卓越的级别之后，那么在行业内的任何一家公司，你都可以轻松获得期望中的职位和薪资。

那么卓越的标准是什么呢？就是你能真正洞悉行业未来发展的

核心能力对于

所有公司都长期需要，

而且是可以保持

长期不变的一种能力。

趋势，看懂行业内部很多关键的数据，然后最大限度地利用手中的资源，创造更大的价值。

讲到这儿，我们来做一个小复盘：进行个人业绩盘点的四种作用分别是"照镜子""刻模子""称体重""练内功"。根据这四种作用，你可以仔细比对一下，在过去的几个月、半年或者一年当中，你的工作是沿着这个方向进行的吗？在这四种作用里，哪一种作用是你完全没有的？哪一种作用是你没有做好的？哪一种作用又是你在接下来的工作中可以运用到实践中、让业绩获得提升和改变的？如果你能做到每个月都对个人业绩进行详细的盘点，并认真思考前面的这几个问题，那么你的业绩提升幅度，或者说你能够获得的成长，都是不可限量的。

所以，不要再说"我的业绩太少，不值得盘点""业绩盘点是在浪费时间"这样的话了，无论你的业绩是多少，都应该进行盘点，而且业绩越少越应该进行盘点。因为盘点之后，你才能通过分析、总结、积累和实践，一步一步把业绩提升上去，真正成为团队及公司不可或缺的人才。至于盘点的形式，无论是用脑子去盘点，还是写在纸上，这些都不重要。重要的是，你决定了这样去做，要付诸实践。

业绩盘点的三条主线

职场人在盘点的时候，如果想高效地完成业绩盘点，就要切忌被业绩旁枝末节的部分引导。所以在进行个人盘点的时候，首先要做的就是找准主线。

我们在工作中的得失，就和围棋复盘一样，在阶段性的工作完成之后可以再进行系统的重新推演。比如说，如果以所谓的业绩增量为主线进行盘点，你就可以通过两个月的业绩对比，从中分析出哪些问题是导致业绩降低或增长的复盘方法。也就是说需要两个月的数据对比来分析增量空间所在的位置，而不是靠前一个月的数据单独分析就能指导下一个月的发展。在没有参照的情况下，单独分析实际上并没有任何效果。

所以复盘对我们的工作来说，除了可以让我们找到某些关键的切入点和工作规律以外，还可以让工作当中的很多事情都变得可控。这样一来，我们利用复盘就可以将原本只能被动接受的一些发展问题，变成主动发现、主动解决，提高了工作时效。

由此可见，围棋的复盘其实就等同于我们的业绩盘点。我们也只有通过找准业绩盘点时的主线，才能更准确地找出自己的问题，才能更高效地完成工作。

复盘的基本面

复盘，也称"复局"，是围棋术语。专门指一盘棋对局完毕之后，复演该盘棋的记录，以检查对局中招法的优劣与得失。

复盘能客观地表现出在下棋过程中的思考路径：为什么会"走"到这一步，又是如何设计预想接下来的几步。双方还可以在复盘中进行双向交流，对自己、对对方走的每一步的成败得失进行分析。同时提出假设：如果不这样走，还可以怎样走；如何走，才是最佳方案。既然复盘能让人检查出曾经在对局中的优劣得失，那么职场人也完全可以利用复盘来梳理自己的工作业绩。

只是还有一点需要注意，你在盘点的时候，一定要尽量保证自己的工作状态是在"线"上。

比如说，你开了一个线下超市。当一天来了一百个客人之后，你想要知道这些客人究竟在哪个货架前停了下来，拿了哪个商品又放回去了，你唯一能做的就是回看摄像头。但是这种工作效率明显太低，而互联网公司就不一样了，互联网公司可以利用身处的数字化时代，得到用户产品销售或产品供应的记录痕迹。

由此可见，相比互联网公司，传统公司想要复盘更为困难。所以你对自己的工作进行盘点之前，一定要像互联网公司那样，让每一天的工作都尽可能地保证是在"线"上的状态，这样才能在之后轻松地复盘。

除了保持线上的工作状态能让我们比较轻松地复盘以外，如果还能把盘点的四个基本面也做到位，我们在实际的复盘过程中就会更加轻松。

一、有规律和没有规律

我们选择做复盘，有时候只是为了找到某种带有共同特质的规律。

假设你的公司要在这个月做产品升级，于是在产品升级的过程中找来一百个客户做调研。通过调研，你能知道这一百个客户的共同点是什么，而共同点对公司来说，就是一种规律。

只有知道了共同的规律之后，我们才能在实际的工作中明白哪些是有针对性的重点。

二、可控制和不可控制

盘点规律主要的目的是找准方向，至于具体提升的环节，需要通过对业绩的盘点，找到其中可控制的因素和不可控制的因素。

比如说，你作为一个教学负责人，发现晚上八点钟听你讲课的人数要多于七点半钟听讲的人数。那对你而言，就可以直接把上课时间定在八点钟。

这种发现八点钟最合适，然后进行调整，就是你在找到规律之后，可以控制工作让其往更好的地方改变。

所以，我们通过复盘找到规律之后，就可以根据这种规律来控制改变工作的发展方向；找到可控制的内容之后，就可以有针对性地进行提升。

三、实力为主和运气为主

即便是成功的经验，也有两种不同的情况：其一是实力造就，其二是运气驱使。如果是前者，那么说明这种经验是未来可用的；但如果是运气使然，则还需要更加深入地分析，进一步判断这种运气能否转化为实际可操作的步骤或者流程。

四、主动争取和被动接受

对职场人士来说，如果这几年你薪资的涨幅都是靠自己主动争取才得到的，那说明你在未来还有很大的发展空间；但如果相反，你是被动接受的，那就只能说明你已经失去了这方面的资源。

总之，只有我们在复盘的时候关注以上这四个基本面，才能知道自己在实际的工作中，哪些工作内容是可以被自己控制改变以获得更好发展的。反之，如果不注意这四个基本面，你的复盘就是没有意义的，做的都是无用功。

以业绩增量为主线

任何公司只有存在增量，才能更好地生存以及对外发展。所以，不论你是作为管理者还是员工，都要知道业绩盘点的最终目的，就是找到可以提升的增量，从而实现增长的目的。这也是我们在进行业绩盘点的时候，要将业绩增量作为盘点主线之一的原因。

既然我们知道了可以将业绩增量作为盘点的主线，那么，我们在以业绩增量为主线进行盘点的时候，具体又该怎么做呢？

比如说，现在你3月份的工作结束了，通过对3月份工作的盘点，就能清楚地知道你在4月份应该在哪些环节上有增量业绩；同样，如果你在3月份某个环节上出了错，经过盘点之后就能在4月份防止再出错；反之，你还能通过盘点发现某个环节需要改善，来实现4月份业绩的增长。

由此可见，如果我们在业绩盘点的时候从增量的角度出发，去进行统计和分析，就能利用它来总结经验和教训，能从最直观的角度知道哪些做好了，哪些没做好。为方便大家更好地去理解，我举一个简单的例子。

假设你经营了一个公众号，你多写三篇文章，就能给你的公众号增加两百个"粉丝"，或只要增加两千阅读量，就能多给你带来一万元钱的销售额，那么，如果你以业绩增量为主线来进行盘点的话，你就需要梳理清楚以下六个方面的问题。

第一，哪一项的业绩提升了？很明显，业绩提升的地方是销售额增加了一万元。

第二，这种提升在团队当中处于什么水平？这时候你就需要将团队中经营的几个公众号进行整体的比对，看看自己的公众号收入在团队中排名多少。

第三，背后有哪些规律？之所以能增加一万元的销售额，是因为你这个月多写了三篇文章，这三篇文章给你带来了两百个"粉丝"，这才有了之后的一万元销售额。所以，这里面的规律就是，如果想要在下个月还能得到一万元的销售额，就需要多写几篇文章以增加"粉丝"数量，"粉丝"越多，越能带来更多的阅读量。

第四，能算出投入产出比吗？多写三篇文章就能多增加两百个"粉丝"，三篇文章即投入，两百个"粉丝"就是产出，而二者的比率就是投入产出比。那么在这个公众号里，是因为"粉丝"的数量增多了，才带来了之后的一万元销售额。那你就知道在下个月，"粉丝"数量越多，阅读量自然就越多。

第五，这种增长可控吗？既然优质文章更多地输出，是导致业绩提升的根本原因，但是增长是否可控，在于你每个月能否保质保量地输出更多的优质文章。

第六，这种增长是主动争取的吗？盘点的时候想一想，多写的这三篇文章，是领导让你写的，还是你自己主动去写的？如果是你主动写的，那就说明由三篇文章引出来的两百个"粉丝"以及一万元销售额，都是你自己主动争取来的。

在通过以业绩增量为主线进行盘点之后，你就能知道，如果你在下个月还想得到额外的销售额，你就要保证自己在下个月还能保质保量地输出更多的优质文章。由此可见，利用增量业绩来盘点的话，就能很清晰地知道自己应该把哪个步骤设为额外创收的重点。

总之，我们在以业绩增量为主线进行盘点的时候，通过具体对以上六个方面问题进行盘点，就能明确知道增加自己收入的关键点是什么。找到关键点以后，就能在接下来创造业绩的过程中，把重点放在可以增加收入的步骤上，这样一来，赢利自然就会越来越多。

说到这里，很多人可能会产生疑问，技术类岗位工作人员的业绩提升，很难用具体的数据来估量，那么是不是就意味着这些类型的员工就没有办法以业绩增量为主线来盘点业绩呢？事实并非如此，技术层面的突破，往往也会在具体的使用场景中发挥自身的价值，而具体场景中产生的业绩增量，自然也要归功于技术人员。

假设你是一名工程师，每天主要的工作内容就是专门写直播课的代码。

你作为开发者，只要上课的人在上直播课时随意点击或切换几下页面上的几个按钮，你就能知道这几个按钮在上个月和这个月在点击量、卡顿上有什么区别。而这，就算是一个业绩增量。而通过这种以业绩增量为主线的盘点，技术人员可以清晰地发现那些可以提升的地方，哪些可以最高效地提升产品的价值，从而找到未来工作的方向，让之后的技术升级工作变得更加有效率。

以业绩增量为主线的盘点，可以通过两个固定时间段的业绩对比，让我们直观且清晰地找到业绩提升或者增长的关键要素，从而为未来的工作提供更加有效的指导。

任何不同的岗位，其实都有属于自己的业绩增量空间。我希望大家始终能记住这一点：事是死的，人是活的，如果大家在盘点的时候都能以增量业绩为主线，那么所有的工作都能找到业绩提升的契机。

以流程效率为主线

我们在对业绩进行盘点的过程中，发现在工作流程中的每一步、步与步之间配合的效果和效率等，都具有一定的关联性。而这种关联性，特别容易对实际工作的结果产生一定的影响。所以，我们除了要以增量业绩作为业绩盘点的主线以外，还要以流程效率为主线进行盘点，这样我们才能知道自己在不同的环节上，需要重点做什么。

工作流程里的不同环节，都会出现不同的问题，而每个问题所对应的点，因为行业、职位的不同，答案自然也就不同。所以，针对这些不同，当我们以流程效率为主线的时候，就可以在以下五个环节进行盘点。

一、你是否熟悉整体流程？

比如，过去有一家门店接待工作的人均销售额不高，但是通过改进、精细化、调节环节流程以及增加培训等方面，从三个环节精细化为七个环节之后，人均销售额提高了 3%。

由此可见，我们通过对整体流程的梳理，就能知道具体在哪个环节上进行改进可以达到提高销售额的效果。

二、哪个环节效率最高？

从流程效率上进行盘点，就能知道每一个环节的效率如何，从而找到拥有最高效率、具体提高营收的关键环节。

三、哪些环节需要马上培训？

通过盘点流程效率，就能知道自己哪一个环节的效率最高，自然就可知道需要改进的薄弱项。也只有知道哪一个环节是需要改进的弱项环节，才能进行对比及针对性的提升培训。

四、新方法的效果如何？

在工作的过程中，随着业务的演进和市场的变化，我们常常会采用一些新的方法。而新方法的"好坏"，一定是需要进行对比才能突显的。所以，在采用新方法之后，我们可以将新方案使用后的一定时间的业绩，和之前相同时间段内的业绩进行对比，分析出使用新方法后取得的效果。

仍以问题一的案例为例，假设将这家门店没进行业绩盘点的 10 月份，与通过改进、精细化、调节环节流程以及增加培训之后的 11 月份进行比较，就能从最后人均提高 3% 的销售额中看出，使用新方法后的业绩绝对优于盘点前的业绩。

所以，通过对流程效率的盘点，就能知道既定目标业绩与已完成业绩之间的差异在哪里；再通过使用针对性的改进方法之后，就能利用下一次真实的业绩数据对比出新方法的效果"好坏"。

五、时间管理上有什么空间？

每个人一天的时间，都是 24 小时。看似没有什么不同，但如果通过流程效率进行盘点之后，你就能知道自己的哪一个工作环节是必须多花时间才能完成得更好的。

以我讲课为例。通过我对自己课程的复盘，我知道在讲课的过程中应该适当地减少互动频率。因为如果我在课堂上一边讲课一边互动的话，那些认真听课的同学就会觉得很烦，他们会认为老师失去了控场能力；同样，如果我结束课程之后也不设置答疑环节，那么有疑问的同学也会觉得没意思，他们会认为原来老师只有讲课的能力，没有回答问题的能力。

但是，当我以流程效率为主线进行业绩盘点之后，我就能清楚地知道自己需要在哪一个环节上压缩一下时间，或者是在哪一个环节上增加一点时间。

总之，以流程效率为主线进行盘点，每一个流程环节就能在盘点流程效率的时候，得到对应的具体提升。除此之外，人们通过盘点流程效率，看到了效率提升的关键点在哪里，就更能高效地提升自己的工作效率。

以长期价值为主线

首先，我们都知道在实际工作中，基于某些内容获得了明显进步，而且这种进步还让我们在未来可以继续受用，这就叫长期价值。如果一家公司拥有长期价值，那这家公司就能在未来持续发展。

对职场人来说同样如此，如果我们在对业绩进行盘点的时候，以长期价值为主线的话，就能明白哪些具体的工作内容是具有长期价值的。我们在接下来的工作安排中，就能很清晰地知道工作中需要格外注意的重点在哪里。所以，针对长期价值，我们接下来就可以有针对性地按照以下五个环节进行盘点。

一、哪些方法可以持续使用？

当我们通过对长期价值进行业绩盘点时，我们就可以从它长期成长的数据中，找到哪些是一直在发挥作用的方法，然后在下一次创造业绩的过程中，大胆使用，以便更高效地创造业绩。

二、哪些规律是长期不变的？

盘点长期价值时，我们可以从中找出有哪些规律是长期保持在某种状态下不变的。再通过对比自己的业绩盘点，判断出这种长期不变的规律对自己是否有创造业绩的价值。

三、哪些操作是可以固定成流程的？

通过长时间的数据统计，我们可以找到一些长期保持固定模式运转的工作环节。比如说，就像生活当中的"扫码点餐""对号入座"等，或我们之前所说的"刻模子"，这些都可沉淀为固定流程来解决问题。

四、哪些经验可以沉淀出核心能力？

如果你具备核心竞争力，那么这种核心能力在未来很长一段时间里，都会作为你自身最大的优势存在，对你的升职加薪能起到积极的作用。

如果你现在还不具备这种核心能力，你也可以通过长期的工作，从领导或者同事那里得到反馈，或者是根据自己的工作经验得到总结，最后沉淀出自己的核心能力。

五、哪些问题值得长期注意？

职场上，大家一定都会遇到许多需要改进的问题。这些工作上的问题，或多或少都会影响到我们的工作。通过对长期工作内容的盘点，你能看出哪一部分的工作内容是被某些问题影响到的，这时你就可以将这些问题罗列出来，加以改正。

把以上问题结合自己的实际情况做出严谨的分析思考之后，你不仅能明白哪些工作内容对自己有长期价值，还能拥有熟练掌握制订工作计划、优化工作流程的能力。而这两种能力，你都能在未来任何一个岗位上长期地使用下去。

一个完整的个人业绩盘点，主要分为两个部分：第一个部分就是我在前面提到的以增量业绩、流程效率、长期价值这三条主线来做的业绩盘点，我称之为基础盘点；而第二个部分则是带有隐形价值的盘点，比如说，你对个人业绩的复盘，表面上看是对过去工作的梳理，其实是你已经开始在每周、每月与上级同步进展、争取资源，积极地打破了向上管理的心理障碍。

我们甚至还可以从第二个部分，延伸出一个特别重要的思维方式，那就是"借假修真"。具体是什么意思呢？就是指经验和业绩知识能力的部分体现，经验和业绩水平往往低于实际能力。简而言之，就是大多数时候你一直积累下来的能力并不能马上就体现出来，而是要通过一件事获得某项能力，这叫借假修真。

就拿我自己来说，从一开始我选择讲课到现在，看起来比较"真"的东西似乎就是我积累出的课程、我的业绩和学员，但我积累出来的真的仅仅是这些吗？其实不是，我借"假"修"真"积累出来的，其实是我的表达能力和应变能力。

很多人都听过达·芬奇画鸡蛋的故事，他当时除了画鸡蛋还是画鸡蛋。他之所以反复地画鸡蛋，是因为他发现不论未来自己画什么，都离不开把鸡蛋画好的基本功。所以达·芬奇画鸡蛋的实质是，如果你能把一个静物鸡蛋画好，那么你在未来画什么都很美。而达·芬奇最终借着画鸡蛋的能力，画出了《蒙娜丽莎》名画。

比如，哥伦布发现新大陆的时候，本来想去印度，结果走错路来到了美洲。没关系的是，反正哥伦布想要得到的是"新大陆"，所以不论是印度还是美洲，其实都可以。

再比如，借"假"修"真"中"假"的是，你拜访了 30 个客户，完成了 50 万的销售额，"真"的是，你用拜访 30 个客户积累了精通客户拜访和签单回款流程的能力；"假"的是，你买了一本关于"升职加薪"的书；"真"的是，你掌握了书中三点马上就能用的升职加薪办法；"假"的是，你每个月都按时做个人业绩盘点，"真"的是，你每个月都能知道下个月的工作重点；"假"的是，你创办并经营一家公司，"真"的是，你拥有了更强大的心态去适应任何变化，即便这个公司没有了，你拥有的这种强大心态，也能让你重新再开一家公司；"假"的是，你做大客户销售三年，年均销售额 2000 万，"真"的是，你沉淀出了能力，这样你到任何一家公司都可以从零开始搭建销售团队。

总之，你表面上是在盘点个人业绩，但是真正重要的隐形价值却是"借假修真"。你以前所拥有的那些经验、业绩，或者是薪酬、人情积累等，实际上都是在为你以后升职加薪沉淀能力。我相信等你真的拥有这项能力时，未来任何岗位，你都能利用业绩盘点出适合自己的核心能力，而这也正是做好业绩盘点能带给你的好处。

业绩盘点的案例模板

我们在制订工作计划的时候，常常会利用一些工具来帮忙进行梳理。比如说绘制图表，或者是用某种模板等。只要把所有想做的工作都清晰地放在上面，任何一个阶段的工作内容，我们都能一目了然。

除了制订计划可以用到一些工具以外，我们在做业绩盘点的时候同样可以利用工具。现在，我们可以将增量业绩、流程效率、长期价值这三条主线作为业绩盘点的切入点，来看看通过使用案例模板如何去盘点业绩。

表2-1　个人工作业绩盘点（月底）

工作内容	计划目标	实际完成情况	完成率	部门排名

（经营型目标）

如表2-1所示，这个表格包括五列：分别是工作内容、计划目标、实际完成、完成率以及部门排名。其中计划目标是管理课中的一个重要理论，也叫经营性目标。所谓经营性目标，就是每个公司、每个部门里最重要的目标。

比如说我们的培训团队，最看重的是完课率；用户增长团队，最看重的是净增用户；招聘，最看重的是入职到岗；文案策划，最看重的是推广成文，而这些，都叫经营性目标。但是现在大部

分的公司，都没有计划目标。

表2-2 个人工作业绩盘点（月底）

工作内容	计划目标	实际完成情况	完成率	部门排名
课程培训	完课率60%	75%	125%	1
用户增长	净增新用户2万人	1.25	60%	12
招聘	新招聘到岗12人	10人	83.33%	3
文案策划	新用户成本100元	92元	108.7%	1

经营型目标

对职场上的人来说，没有计划目标，就意味着你不知道自己所做的工作内容哪些是跟业绩相关的，和团队或同行相比较又在什么水平。所以在管理上，我们一定要让每个成员都清晰地找到自己在团队中的具体位置；同时，也要让成员们都知道自己现在正处于一个什么样的状态。

如上表所示，课程培训对完课率的计划目标是60％，实际完课率达到75％，那么很直观，课程培训的实际增长率为125％；用户增长的计划目标是净增新用户2万，但实际完成了1.2万，那完成率就是60％；在招聘方面，计划目标到岗12人，但实际到岗只有10人，那么完成率就是83.33％。通过利用表格，绘制出个人工作的业绩盘点，就能让我们清晰地看出自己在现阶段的业绩状态如何。

不论是绘图还是制作表格，我们都可以利用它们来清晰地盘点出自己的业绩。只有清晰地知道自己的业绩具体在哪里，接下来你才知道自己需要在哪些地方提升，知道自己在团队中处于什么样的状态。通过清晰地盘点，你才能考量自己，到底能不能去申请升职加薪。

　　总之，我们只有对自己过去的工作进行有主线的业绩盘点，才能知道创造业绩的具体范围，在以后的工作中能更高效地提高业绩。在将业绩进行盘点时，要找出自己工作劣势并加以改正，同时要不断提高自己的工作优势，这样才可以凭着越来越好的业绩和工作能力去和老板谈升职加薪。

盘点工作业绩

- 业绩盘点的普遍困惑
  - 感觉自己没什么业绩
  - 不知道什么是业绩

- 业绩盘点的四种作用
  - "照镜子"：对照既定目标分析差距
  - "刻模子"：把执行过程固化成流程
  - "称体重"：根据业绩评估相对实力
  - "练内功"：透过经验提炼核心能力

- 业绩盘点的三条主线
  - 复盘的基本面
    - 有规律和没有规律
    - 可控制和不可控制
    - 实力为主和运气为主
    - 主动争取和被动接受
  - 以业绩增量为主线
  - 以流程效率为主线
  - 以长期价值为主线
  - 业绩盘点的案例模板

第三章

制定升职加薪计划

➤ ➤ ➤

"

做任何事情之前如果能先拟订计划，往往可以事半功倍。跟老板谈升职加薪自然也不例外。对于设定的计划，关键在于是否能够利用好自身的资源，比如能力和意愿；同时还要认真了解升职加薪的"通道"，比如领导喜欢什么样的员工，怎样做才能获得领导的信任，你的价值曲线是否跟公司同频，等等。

"

计划为目标服务

先胜而后求战，明确升职加薪的目标，才能找到计划设计的方向。

升职加薪本身其实就是一场"交易"，我们用自己的资源，去向管理者交换更高的薪酬。但这种"交易"有时不公平，因为企业牢牢把持着这场"交易"的主动权。作为个人，要想在这场"交易"中胜券在握，首先要做一个计划，通过周密而合理的设计，让管理者没有办法拒绝你的升职加薪请求。

但是在设计计划之前，我们首先要明白自己既定的升职加薪的目标究竟是什么。只有在目标确定的情况下，我们才能明确计划设计的方向，和最终想要实现的效果。没有目标，漫无目的地设计计划，即便专业，也未必符合企业的需求，更不用说发挥有效的作用，这样一来，相当于背离了设计计划的初衷。从这个角度来说，计划是为目标服务的，所以在设计计划之前，我们首先要确定自己的升职加薪目标是什么。

先胜而后求战，
明确升职加薪的目标，
才能找到
计划设计的方向。

你的升职加薪目标是什么

计划是为目标服务的，有了目标才不会在设计计划的过程中陷入盲目的状态当中。很多职场人，即便已经参加工作很多年，也都具备了一定的升职加薪的愿望，但他们对于自己升职加薪的具体目标，往往持一个比较模糊的态度。

那么在具体的工作中，我们应该如何去找到或者设定自己的升职加薪目标呢？在设定目标之前，首先要明白工作目标和个人目标的区别，这两个不要混淆，工作目标和公司相关，可以问你的上级；但个人目标只与自己有关，所以只能问自己。升职加薪虽然是在工作场景中发生的事情，但其实却是我们个人的目标，所以想要确定升职加薪这件事的目标，只能问自己。

第一个问题，你升职加薪的目标是什么？有的人想成为领导，展现自己的管理能力；有的人想提高薪资，让自己的生活更好一些。每个人的目标都不一样，所以这件事一定得自己去定。因为对于升职加薪这件事，只有自己清楚自己想要什么。

第二个问题，你升职加薪的目标是否明确？你心里要问一下自己是否有明确的目标。因为只有明确的目标，才能对计划的设计产生有效的指导作用。而要想明确目标，首先要明白让你设立目标的原因是什么。

比如，你现在的工资每个月是 3000 元，你觉得很少，很不满意，想提高一下自己的工资，让自己生活更好一些，这是你想升职加薪的原因。那你的薪资目标是多少呢？是希望提高 20% 的薪资吗？即让每个月工资达到 3600 元。

如果这是明确的目标，你要据此设计方案，这样计划才会更有效。有些人把每天能更好地工作或者每天工作更有激情当作目标，这个观念是错误的。这种笼统的标准，并不足以支撑一套有效计划的出台。我们需要的是能够为计划的设计提供方向，即具体的、量化的目标。

考虑到我们在设计出计划之后，还会经历与领导谈判的过程，管理者为了控制成本会尽量压低我们升职加薪的空间，而我们自己也想要尽可能得到更多的报酬。两者之间的利益冲突，自然会引发谈判，所以为了让自己升职加薪的目标更高效地实现，我们可以在目标明确的基础上，将目标进一步拆解成不同的层次。第一个层次，是至少要实现的目标，也就是最低目标；第二个层次，是能够让我们满意的目标，也就是标准目标；第三个层次，是能够产生惊喜的目标，也就是超出我们满意预期的目标。

在具体与领导商议自己升职加薪问题的时候，我们可以从第二层次的目标出发与管理者进行谈判，然后根据谈判的具体形势，来判断是向第三层次提升，还是向第一层次回落。随机应变，更容易让升职加薪的目标得以实现。

当然，将目标拆解成三个层次，不只是为了让谈判工作变得更加高效，同时也是为了提升升职加薪计划的有效性。了解了三个层次的目标后，你再做计划的时候，就知道怎么去配置相应的资源。

制定好目标之后，还需要一个时间节点。设想一下你的升职加薪目标，是希望一个月、半年，还是一年实现？如果没有时间的把控，你的计划是属于无效的，所以一定要给自己的目标设定一个时间节点。

你积累了哪些高含金量的职场资源

如何匹配你的升职加薪目标，关键是你的资源。比如，过去的工作有哪些优势？过去的工作有哪些业绩？你自身有什么长处？这些都是你的资源。

所谓的资源，其实就是我们在工作过程中展现出来的优势。而这些个人优势，其实就是我们在与管理者就升职加薪这件事进行谈判时候的筹码。所以你要想办法盘点你的资源，通过盘点资源，完善自己的计划，最终实现升职加薪目标。

就我个人的经验来说，有三种高含金量的资源是一定要提前做准备的。这三种分别是：业绩、信任、能力（如图 3-1 所示）。

业 绩		信 任		能 力
同事和同行	⇨	上下级关系	⇨	可拓展性

图 3-1 职场当中的高含金量资源

一、业绩

所谓业绩，就是你过去为公司做了什么，带来多少价值，或者为公司积累了多少财富利益。对企业来说，员工的业绩能够直观反映他们的能力水平，所以大多数公司在衡量员工是否可以升职加薪的时候，都会把员工过去的业绩作为主要的考量因素。而对员工来说，自己的业绩，通常只有在与同事和同行的业绩的对比下，才能凸显出来。

以汽车销售人员为例，销售人员的业绩高低，并不单纯取决于个人的销售量，还要通过公司内部和行业内部的对比才能确定。如果一名销售人员在公司所有的销售人员当中一直排名靠前，甚至多次拿下销售冠军称号，那么在公司范围之内，这名销售人员的业绩自然是很高的。这样的员工，公司肯定也优先对其升职加薪。

二、信任

所谓信任，就是过去与上下级互动所积累的关系。在职场中，有的人对领导会有一些想法，比如对自己的领导不是很喜欢，或者在自己的认知中认为领导的能力不如你，如果你有这样的思想，那么你想升职加薪会很难，因为你的升职加薪的评判是由你的领导来决定的。你不喜欢领导，领导同样也不会喜欢你，即便你能力出众，也很难得到领导的青睐。

如果你已经是负责一个部门的领导，还想往上晋升一级，但是你跟同事或者下级关系很一般，这对自己升职加薪也会影响很大，因为负责审核你的领导或者老板会听取公司里其他人的建议，作为评判的标准之一。

所以对上下级一定要经营信任感，信任感决定一个员工在企业当中能走多远。当领导不信任你的时候，即便你特别有能力，也会得不到施展能力的机会。

三、能力的可拓展性

如果说业绩代表的是员工过去的能力水平，信任显现的是员工的人际交往水平，那么能力的可拓展性，指的就是员工未来发展的可能性。

什么是可拓展性？就是除了本职工作之外，还有没有其他技能，也就是你的岗位附加值可否提升。如果你只会按部就班地完成本职工作，就只能按月领到工资，这样公司是不会给你升职加薪的，顶多会给你一份奖金，这更像是一种公司福利。只有当你展现出自身能力的可拓展性，为公司创造了额外价值的时候，公司才会愿意为你升职加薪。拥有可拓展性的能力，就是为你升职加薪的目标添加上一双有力的翅膀。

> 如果除了本职工作之外，还懂得管理，在领导不在的时候，去激发团队，甚至还能承担一些查漏补缺、辅导教学等其他工作；如果还懂营销策划等，可以帮助公司分担一些市场营销、方案策划方面的工作，这样你就属于多元化、全能型的人才，在企业内部往往是晋升、涨薪的优先选择对象。

业绩、信任、能力，三个职场上重要的资源，可以为你完成升职加薪的目标保驾护航。业绩代表过去你为公司带来价值的参考基础，而信任代表你在老板心中的形象，能力代表你未来升职加薪中的潜力。

决定升职加薪成功的关键有哪些

升职加薪的本质就是用你的资源去换取公司的资源，做一个价值交换。所有公司的追求都是为了让经营效益最大化，而经营效益最大化就是让更低成本的人进来，让更有能力的人进来。公司需要的是有能力的人去创造更多的收入，变相降低成本。所以，公司在分配资源的时候，要有自己的底层逻辑，就是把优秀的资源给部分业绩好的员工。

业绩代表过去

你为公司带来价值的

参考基础，

而信任代表现在

你在老板心中的形象，

能力代表你未来

升职加薪中的潜力。

而对员工来说，其实是在用自己的资源，去交换企业的资源。既然升职加薪是资源互换，员工一定要清楚自己有哪些资源，能够更加有效地促使企业做出资源倾斜的决定。或者换个角度来说，员工有哪些资源，在企业衡量升职加薪这件事情的时候，是比较关键的影响因素。

一、能力

就像我们之前提到的，员工的工作能力，是管理者在判断员工是否可以升职加薪的核心要素。任何一家公司，只要具有一定的规模，资源都会倾斜给有能力的人。而你的能力大小决定获得公司资源空间的大小。

在企业内部，员工按照能力大小的划分，一般可以分成四种不同的类型。

第一种："狮子"型员工，能独当一面，有头脑，有担当，能承担更大的业绩目标，属于决策层，占公司员工总数的5%，可以得到公司核心级资源。

第二种："猎豹"型员工，积极奋进，有很强的执行力和行动力，是公司核心骨干成员，占公司员工总数的20%，可以得到公司奖励级资源。

第三种："黄牛"型员工，踏实肯干，能认真完成期望内的工作，属于公司基础成员，占公司员工总数的60%，可以得到福利级资源。

第四种："秃鹰"型员工，在公司评级中未达标，个人能力不突出，自身价值远远低于公司培养的投入，不符合公司的从业标准，占公司员工总数的15%，直接淘汰。

每个公司基本上都是由这四种属性的人员组成。能力越大，获得公司资源空间就越多，升职加薪的成功率也就越大。

但是在现实当中，即便我们的能力很强，但对相对远离基层的管理者和经营者来说，很多时候能力无法被上层感知到。在这种情况下，员工就要拓展自己的工作范围，采取大胆和超出期望的行动，梳理新观念，改变自己的工作方式，做出老板期望之外的事情，突破自己的能力边界，超出老板的预期。

比如老板让你干什么你就干什么，这是老板期望之内的本职工作；如果你不但完成老板指定的工作，还额外做了工作，这是老板期望之外的事情。正是这些超出期望的事情，老板才能看到员工的能力水平。

通用电气公司老板杰克·韦尔奇在他写的《赢》这本书中提到这样一个故事。1997年，通用电气公司把约翰派到欧洲，管理那里销售额达到1亿美元的硅酮业务，这不算是什么美差，但约翰有了展现自己能力的舞台。

这项业务，通用在全球市场份额中排名第二，但在欧洲份额中却排名第六，主要原因是由于其成本太高。因为原料必须通过美国进口，所以难以和当地企业竞争。对于通用美国总部而言，如果约翰采取常规管理策略，及时给现有的客户交货，再开发一些新客户和新产品，一年之后把销售额提高10%，总部也很满意了。

但是约翰有更大的野心，他提议在欧洲建立一个新工厂，由通用在当地生产原材料，这样可以大大地降低成本，提高销售额。但是前提是约翰需要有1亿美元的新工厂建设费用，而通用总部的回答是：不可能，没门儿！

约翰听后并没有放弃，一直坚持认为一定有办法解决成本问题。他想出了一个很有远见的办法，他开始与几家欧洲的竞争对手会谈，目的是找到一个合作伙伴，用该公司在欧洲本地的生产能力和技术经验，换取通用在全球的品牌影响力和渠道。通过长达一年的谈判，约翰成功了。

通用和拜耳公司合资成立了一家工厂，并且通用占据控股地位。通用老板杰克·韦尔奇向约翰请教经验，约翰说："我纯粹是由于坚持，我们必须更自信一些，如果我们还是像以前那样循规蹈矩，那即使把生意做到一定规模也永远不会做大。"

1998 年，约翰被提拔为通用运输公司 CEO。2003 年，他成为销售额达到 80 亿美元的通用塑料产业的 CEO。

在这个故事中，约翰并没有按照公司的规定做期望之内的事情，而是在完成基础工作的前提下，又大胆地提出了超出老板预期的计划，为公司业绩提升做出了巨大的贡献。所以，我们在工作中也要注意，不仅要完成自己的分内之事，更要在能力允许的情况下尽可能地去承担一些额外的工作，用超出老板预期的表现，赢得领导的青睐，这是未来升职加薪的关键。

二、意愿

站在企业的角度，优先给予能力水平突出的员工升职加薪的机会，是自然而然的选择。但对员工来说，有能力是一回事，想不想升职加薪又是另外一回事。在现实当中，并不缺少销售人才宁愿在基层发光发热，也不愿升职成为管理者的案例。所以，在决定升职加薪这件事情上，企业要考察的不仅仅是员工的能力，还有员工的意愿。

回归到员工的视角，不管自身的能力水平高低，想要实现升职加薪的目标，意愿都是不可或缺的因素。因为只有当你产生升职加薪这个意愿的时候，你的一切表现和行动才会朝着这个方向去努力。意愿最主观的表现就是心态，有了升职加薪的目标，心里就有了欲望，积极的心态会促使人在问题中寻找机会，通过自己的努力学习不断地进步。一分耕耘一分收获，人付出的越多，收获的就越多，那么离目标也会越近。

意愿越强烈，员工对于个人成长的诉求也会越明确。在职场中，积极向上、勇于承担责任的人，往往更容易取得领导的信任和喜爱。信任决定资源的分配，你赢得了领导的信任，就拥有了更多的机会、更多的资源，就可去展现自己的能力，跟领导谈升职加薪成功的概率就会更大。

能力决定升职加薪的可能性，意愿则决定能力提升的可能性，从这个角度来说，意愿和能力是相辅相成的。强烈的意愿可以帮助员工更快、更好地提升自己的能力，而自我提升意愿的表达，和能力的实际增强，都会帮助员工得到更多的资源。也就是说，在升职加薪这件事情上，能力和意愿是不可或缺的两个关键因素。

如果升职加薪失败，该如何应对

有了明确的升职加薪目标，积累了足够的资源，也掌握了升职加薪的关键因素，员工就一定能成功晋升或涨薪吗？不一定。员工是否能升职加薪，最终做出决策的始终是企业的经营者和管理者。员工只有不断提升自己，这样才能提高升职加薪的可能性，但并不能直接决定自己有晋升或者涨薪的可能。也就是说，在寻求升职加薪的过程中，失败的风险始终存在。

员工左右不了管理者的判断，所以，即便是自我提升意愿强烈，且能力水平突出的员工，也并不一定就能成功升职加薪。当然，就算自己的升职加薪计划失败了，员工也不应该灰心丧气，或者对企业失去信心。"金无足赤，人无完人"，员工不能用尽善尽美的标准去要求管理者和经营者。一个企业中有大量的员工，而管理者在做出涨薪升职决定的时候，会要全盘考虑，在这一点上，员工要理解管理者的"难处"。

除此之外，员工还要对之前的计划和实施的过程进行复盘，找到其中的疏漏进行针对性调整，并调整自己的心态，然后再一次尝试与管理者进行谈判。

一、复盘

复盘之前的升职加薪目标和计划，可以让员工了解自己的计划出现了哪些问题，以便吸取经验，避免下一次犯同样的错误。

在具体复盘的过程中，我们可以从三个层次去分析，首先确认自己的升职加薪目标是否明确。我们知道，计划是为目标服务的，目标模糊，会让计划变得没有方向感，或者目标太大，计划很难实现，出现以上情况时，可以降低目标；其次是检查自己的计划是否成熟，避免过于盲目地去实施，要看好手中的"牌"，也就是你的资源是否和计划契合；最后要确认自己的能力是否和自己的目标相匹配，以及认真审视自身能力是否能驾驭这个目标。

二、调整心态

计划失败不可怕，可怕的是你失去继续战斗的勇气，失败只是一时的，并不代表全盘皆输。当第一次升职加薪的申请失败之后，不要轻言放弃，也不要轻易地做出企业不重视自己、不如离开的决定。相反，应该重新调整心态，以更加积极主动的态度，去执行复盘之后制订的新一轮的升职加薪计划。

升职加薪计划的四种方案

世界上没有相同的两片树叶，企业当中也没有两个完全一样的人才。每一个人才背后，都有一条完全不同的升职加薪的发展路径。

虽然我们一直把升职加薪当作一个整体来论述，但其实这是两个不同的个人发展方向。升职指的是职位的提升，加薪则是指薪酬待遇的提高。如果再细化的话，关于升职加薪统共有四种选择方向：内部晋升、内部加薪、外部晋升、外部加薪。

内部晋升、加薪，通常都发生在员工现在所处的环境之内，员工通过自己能力与意愿的展示，得到了公司的认可，从而得以升职、加薪；相应地，外部晋升、加薪，会更广泛地发生在员工现在所处的环境之外，员工积累了足够的经验和能力之后，调到其他部门或者跳槽到其他公司，会得到更多的薪酬或者更高的职位。

无论是内部，还是外部，不管是升职，还是加薪，我们都需要根据自己的具体需求，去执行具体的计划方案。

以外部晋升为目标

一般情况下，员工会选择外部晋升，主要原因是对原有的工作环境产生了不满的情绪，对自身发展期望值降低。

但是，并不是所有具备外部晋升期望的员工都能实现自己的目的。能够从一个部门跨越到另一个部门，从一个企业跳槽到另一个企业，甚至从一个行业跨界到另一个行业的人才，必须具备很强的边界拓展性能力。

比如，一个优秀的销售人员，想要晋升为运营部门的管理者，那么这个销售人员不仅要在原来的销售岗位上做出不错的成绩，还要具备一定的运营和管理能力。只有这样，企业才能确保自己的销售人员在进入其他部门担任管理者之后，能够顺利地实现职能的过渡，高效地完成新工作。

作为员工来说，如果想要实现外部晋升，首先要衡量一下自己的边界拓展能力是否足够。如果能力有限，我们就要考虑其他的晋升方式，或者去扩大自己的能力范围；如果能力水平足够，接下来我们就可以根据外部晋升的需要去设计自己的升职加薪计划方案。

就像之前提到的一样，在设计升职加薪计划之前，我们需要先明确自己的目标，在外部晋升的场景中，目标的选择其实就是要明确自己想要去的部门或者公司。在做出选择之前，可以参照自己的能力模型，选择相对擅长的领域。

在确定了目标部门和公司之后，我们还需要设定具体的目标。一般情况下，员工可以设定两个目标：一个是我们理想当中的标准目标，另一个是比标准目标低一级的备选目标。当前者无法达成的时候，可以退而求其次，确保成功晋升。比如，员工外部晋升首选的目标是运营总监，那么备选目标就可以是低一级的运营主管。

有了目标之后，我们就可以去审核自己的资源，有哪些优势可以有效打动其他部门或者其他公司的高层管理者。在资源的体现上，也要优先展示和目标职位相关的优势。比如我们想要晋升的目标职位是运营总监，那么在过去一个周期内带来多少用户增长量是个关键数字，而你带的团队有多少人，创作能力高低等，也是领导要重点考察的资源，需要优先展示。

无论是目标的树立，还是资源的利用，其实都是升职加薪计划的准备工作。当准备工作完成之后，就是计划的核心部分，也就是关键因素的展示。在之前的内容中，我们把员工升职加薪的关键因素归结于两个：一是能力，二是意愿。这两种因素在不同的场景下，其实有着不同的具体呈现方式。

在外部晋升的场景中，关键因素主要有四个：业绩盘点、业务流程梳理、资深同行推荐以及主动沟通。

一、业绩盘点

为了让领导了解我们的能力，首先，我们需要一个亮眼的业绩，让领导意识到我们之前为企业、为部门创造的价值，强化领导的信任度。

二、业务流程梳理

除了过去工作中展现出来的能力以外，我们还要展现自身具有承担更高职位的能力。比如基层工作人员向管理岗位晋升的过程中，要充分展示自己在业务流程梳理方面的能力。业务流程梳理是带团队不可或缺的能力，想要晋升成为管理者，我们必须展现这方面的能力，博得领导的信任。

三、资深同行推荐

不管是过去的成绩，还是未来的潜力，自己去阐述难免有"王婆卖瓜，自卖自夸"之嫌，而且在其他部门或者公司的领导看来，可信度也会打折。所以，在外部晋升的过程中，我们可以邀请一些资深的同行，比如自己之前所在部门或者公司的管理者，帮助自己进行"背书"。借助同行的视角，通过推荐信或者介绍信的方式，说明我们的能力水平，加强领导的信任感。

四、主动沟通

业绩盘点、业务流程梳理、资深同行推荐虽然可以帮助我们得到领导的信任，但前提是领导愿意给我们表达意愿的机会。换句话说，外部晋升的机会不会主动到来，需要自己去争取，因此，要在合适的时机与其他部门或者公司的领导进行主动沟通，表达想要跳槽或晋升的意愿。

既然要寻求外部晋升，自然意味着员工想要离开原来的部门或者公司，虽然是出于对自身未来发展的考量，但不可避免会伤害到原来的人际关系。一旦晋升失败，员工回到原来的工作环境，会面临非常尴尬和痛苦的局面。

为了避免这种问题的出现，在设计外部晋升计划方案时，我们要提前做好备用计划。在选择外部机会的同时，可以多花一些时间，耐心地跟现任公司的领导建立信任，保留内部晋升的可能性。实际上，如果员工能够跟领导建立信任，内部晋升要比外部晋升更加稳妥。

其实，在大多数情况下，员工做出外部晋升的选择，是不得已而为之。因为人们想要更高的职位，更高的薪酬，但同时也会追求稳定。

如果一个部门、一家公司从一开始就能让员工按照合理的路径不断升职加薪，我相信大多数员工会更愿意选择内部晋升，而不是到其他的部门或者其他公司去寻找机会。当然，不排除有些人初次择业比较仓促，但迫于生活压力又不得不继续工作，最后在保障生存的前提下，为了追求自己的理想而选择外部晋升的情况。

不管我们是出于何种目的选择外部晋升，在做出决定之前，都要系统地审视自己的资源和关键晋升因素，判断自己是否能够实现晋升的目的。如果自己的能力有所欠缺，我们应该回过头去提升自己的能力水平，而不要急于求成，失去现在领导和公司的信任。

以内部晋升为目标

相对外部晋升的路径，内部晋升在企业当中更为常见。员工从初入职场，发展到能够晋升的层次，通常需要一定的时间积累。而随着时间的推移，员工不可避免地会对公司、部门以及身边的同事产生感情，所以不是在未来发展不明确的情况下，员工几乎都会选择内部晋升的方式。

但也正是因为选择内部晋升路径的员工数量很多，所以同一个职位，往往会面临多人竞争的情况。内部晋升虽然稳妥，但晋升的难度相对较高，员工必须加倍努力，让领导看到能力的展示。只有员工自身的资源优于同事，才能获得优先晋升的机会。

比如，在过去的一段时间内，某个员工业绩远远超出公司制订任务的平均水平，同时又有很强的带团队意愿和一定的管理能力，可以带领团队向前发展，这样的员工，更容易在内部晋升中得到提拔。

那么，内部晋升的计划应该如何设计呢？和外部晋升类似，首先也是要确定晋升目标，整理自身拥有的资源，做好准备工作。

目标同样需要设置两个，首选和备选。比如你的内部晋升首选目标是一年之内做到销售总监，备选目标就可以是一年之内做到销售主管。除了首选和备选之间的层级问题要注意以外，目标的达成时间也要进行具体的设定，就像我们之前所说的，目标越明确，对人的导向作用越强。

而资源的总结，是为了让自己的晋升更容易实现，我们可以重点关注一些我们做得比较好的地方。然后通过着重展示，强化领导对我们的信心。当然，资源总结的过程，其实也是定位关键晋升要素的过程。和外部晋升不同，内部晋升的关键因素，除了必备的业绩盘点以外，还会涉及很多意识形态的内容。

一、价值观

在日常的工作中，我们都比较喜欢和志同道合、认知一致的人共事，而企业也同样更愿意和具备相同价值观的员工共同成长。所以，在员工内部晋升的过程中，企业通常会考察一下员工和公司是否有相同的价值观，是否与公司文化、团队文化融为一体。

二、流程方法创新

内部晋升的竞争相对比较激烈，同一个职位往往会有很多同等水平的员工一起竞争上岗。在这种情况下，我们必须展现出和其他人不一样的地方，通过个人差异化的价值，得到领导的关注。

比如，我们可以跟领导分享一下，个人对于业务发展、团队建设的一些想法和做法，可以提出不同于其他同事的方法，让领导知道你的创新能力。

三、客户认同

员工在外部晋升的时候，需要资深同行的"背书"来体现自己的能力水平；在内部晋升中，也同样需要一个内部环境之外的角色来证明自己的能力。而客户作为与员工直接接触，同时又独立于公司之外的"外部人员"，实际上是最合适的人选。

客户对员工的认可度越高，员工在公司的存在价值感就越高，升职加薪的机会也就越多。因为如果公司失去好员工，会流失很多优质的老客户。

四、线上管理

对现在的企业来说，数字化管理已经逐渐成为未来发展的必然趋势，越来越多的公司开始通过线上工具进行交流、管理，以便节约更多的时间成本，让团队更有效地工作。但数字化管理，恰好是很多传统管理者的弱项。在这个阶段，如果我们能适时地在领导面前展现出我们在线上管理方面的优势，也会成为晋升的加分项，提高晋升的概率。

当然，考虑到内部晋升的竞争激烈程度，即便我们具备以上所说的这些关键因素，也依然存在着失败的风险。所以，我们要提前做好预案，在计划失败的前提下，可以拿出较长的一段时间，去向领导证明自己的能力；然后，通过超额完成上级领导交代的任务，为自己争取更多晋升的机会。

但是，如果我们是因为能力的问题而没能成功晋升，那么在预案启动之前，我们先要和一些优秀的同事去沟通、探讨、学习，帮助自己提升工作的效率和水平。"跟优秀的人在一起，你也会变得优秀"，就是这个道理。

内部晋升相对外部晋升，虽然风险更低，但竞争也更激烈。如果自己的能力没有达到出类拔萃的地步，我个人的建议是不要急于"出头"，以免在领导心中留下好高骛远的不良印象，影响未来的发展。

以内部加薪为目标

虽然大多数企业在员工进入公司的第一天，甚至是在招聘面试的阶段，就会把员工未来晋升的通道讲解清楚，但在实际的工作中，晋升的难度远比讲述中的步骤难得多。在之前的内容中，我们之所以一直在强调员工的能力问题，也是因为如此。能力没有达到一定水平的员工，很难得到领导的信任，实现晋升的目的。

实际上，员工从开始成长，到晋升为管理者，是一个量变积累引发质变的过程。很多有潜力的人才没能成长起来，很大程度上是因为在量变积累的过程中，失去了坚持性。在这方面，我个人的经验是，在成长到可以晋升的级别之前，我们可以在薪酬的不断增长当中获取动力，维持自己的主观能动性。

相比晋升而言，加薪对员工来说其实更容易实现。随着员工能力的提升，为企业创造的价值增加，企业自然也会愿意付出更多的薪水来激励员工。

以销售人员为例，作为一线的基层员工，每销售出去一件产品，都会得到一部分提成。但随着销售人员能力的提升，销售量的不断增长,企业会给予销售人员更高的基础工资和提成比例。这样,即便销售人员没有升职成为管理者,也能够赚到更多的钱。

当然,在实际的工作中,加薪也可以分为两种不同的情况:一种是内部加薪,还有一种是外部加薪。内部加薪比较适合那些选对了职业,愿意在这个行业、这个公司、这个部门一直发展下去的员工;而外部加薪比较适合那些有跳槽需求,想要到其他行业、其他公司、其他部门去的员工。接下来,我们重点先来了解一下内部加薪。

虽然加薪比晋升相对更容易实现,但员工同样要做好准备工作,"狮子搏兔,尚用全力"。员工要做好万全的准备,才能万无一失。准备工作的具体内容和晋升并无大的区别,这里我也不再赘述,直接进入加薪计划的关键因素部分。

一、主动获取评价

在之前的内容中,我们曾经说过,员工的业绩有哪些,有多少,并不是自己说了算,而是领导说了算。所以,为了避免在工作的过程中,做太多的无用功,避免辛辛苦苦地工作,却并没有在领导的心目中形成价值感知,员工要主动争取领导对自己的好评,以及领导认为需改进的地方,明确自己的优缺点,从而帮助自己更有效率地去工作。

二、盘点超额完成的工作和实际贡献

对管理者来说,员工保质保量完成任务,是应该做的,并不能体现员工的能力水平。只有不断地超出领导的预期,超额完成工作指标,才能让领导注意到员工出众的能力。同时,还能提升员工自身的可靠性,让领导放心地把更多任务交给员工。

当然,在实际的工作中,领导可能不会及时地对员工的成绩做出

反应。在这种情况下，员工需要继续之前的努力，用更多的时间，与领导耐心沟通岗位绩效目标，赢得领导对员工的认可与信任。

虽然加薪比晋升的实现难度要小一些，但前提依然是需要作为员工的我们去不断提升自身的能力水平。企业的经营是为了赢利，员工作为企业的一分子，如果始终不成长，不要说升职加薪，甚至都有可能被末位淘汰。

所以，员工要随时提升自我，加强学习所从事行业的专业技能，多看书，多参加一些培训课，或者多与其他外部同行交流，这样不但可以加强自身专业能力，同时还能了解行业的整体薪资水平，与管理者交谈加薪会有"依据"。

以外部加薪为目标

外部加薪与内部加薪唯一的区别，其实就在于选择外部加薪的职场人，想要到原有环境之外的新部门或者新企业，去寻找更好的发展机会。

虽然从字面上来看，"外部"与"内部"只是一点小小的变化，但会从根本上提升加薪的难度。在内部加薪中，员工的成长是以员工自身为参照的，每一次成长，每一次创造更多的业绩，都有可能驱使企业为员工加薪。

而在外部加薪中，想要进入一家新的公司，公司会把应聘员工和整个行业内的同行进行比对，来判断员工的能力水平。只有员工的能力超出行业同行的平均水平，才有可能被新的公司录取。如果涉及行业的转换，公司考察的内容会更多，对于新进入员工的要求也会更高。

所以，能够实现外部加薪的往往都是那些在行业内摸爬滚打了一段时间，具备一定经验和较强能力的资深从业者。在选择加薪路径的时候，我们最好先进行自我审视，判断自己的能力是否能够超出行业的平均水平。如果不能，建议还是选择内部加薪的发展方式；但也要设计好系统的方案，并按此进行。

计划的设计，依然是从目标的设计开始。无论是换行业还是换公司，既然是跳槽，那外部加薪目标就应该要比内部加薪目标高一些，要不跳槽就失去了意义。比如，首选目标可以在原薪资基础上上涨20%，同时增加15%的绩效工资；备选目标可以在原有薪资的基础上上涨10%，增加15%的绩效工资。加薪目标同样要加上期限，根据个人能力而定。

至于实现外部加薪的关键因素，一样需要进行业绩的盘点。多少次超额完成领导交办的任务，为公司增加多少收入或者降低多少成本，这些都是领导对员工量化考核的主要内容，也是直接体现员工能力水平的地方。

除此之外，考虑要到企业的外部去，所以专业人士的推荐也是必要的。有了第三方专业人士的认证，相当于为你在领导面前做了一个信用"背书"，就好像产品有了权威认证，会大大提高加薪概率。

不仅如此，到新的企业，不可避免要接受面试。面试是我们与新领导第一次面对面的沟通，一个良好的表现，可以给领导留下深刻的印象，为之后的发展奠定稳固的基础。

虽然外部加薪已经表明了员工想要跳槽到其他企业的态度，但越是想要跳槽，越要做好自己的本职工作。只有这样，才能在领导面前表明你的态度，让领导看到你的工作态度，争取更多内部加薪的机会，积累个人实际贡献，为以后的跳槽铺路搭桥。

讲到这里，升职加薪的四种形式已经逐一讲解完毕。最后，我还是要总结一下。升职需要突破原有的能力边界，原来你特别擅长做销售，但升职之后就需要开始带团队，这是完全不同的两种能力。所以升职的绩效会成倍提升，可能从 20 万提升到 100 万，因为你原来是一个个体，升职之后是团队负责人，收入短期有明显提升，长期提升空间更大，这是升职的好处。

而加薪只需要员工在一项技能上不断提升，单向技能更精通。这种方式在短期之内优势明显，既不会特别累，还能明确看到收入的增长。但是单个技能的发展是有局限的，从长期的角度来看，稳定性存在很大的问题。

总而言之，升职加薪这两件事，一个对能力要求更高，需要更多的能力争取更多的资源；而另一个则是要求在原有的基础上更精通、更高效、业绩更高。在职场中，记住六个字"小目标，大计划"，意思是目标要具体，计划要充分。不要定很大的目标，却做很小的计划，要先积累资源，不要盲目去做。谨慎地给自己定目标，充分地制订计划，会让你战无不胜。

升职加薪计划的常见问题

一个有效、合理的选择，是成功的一半。

如何正确选择升职加薪的方式，需要认清自己的定位。如果走错方向，让自己陷入尴尬的处境，那么即使你很努力，结果常常也不尽如人意。

如今，很多职场人都处在迷茫的状态当中，不明白自己想要什么，更不知道自己究竟适合不适合岗位。升职？加薪？是外部还是内部？自己如何转型？这些问题，都涉及他们未来的发展，需要他们做出抉择，所以对此，一定要慎重考虑。

内部晋升和外部晋升如何选择

内部晋升更看重信任积累、能力边界以及你的不可替代性。想要在公司内晋升，首先需要你在身处的职场环境中与他人关系融洽，包括领导以及同事，所以一定要经营好上下级的人际关系，同时要能驾驭公司给的资源，并且让自己成为不可替代之人，体现自己的重要性。

而在大部分公司里，相对外部晋升，内部晋升机会不是很多，因为资源空间有限，竞争比较大。建议优先选择从内部晋升，因为选择外部晋升，会存在很多的未知，具有一定的风险性，这个风险是否可控，需要自己去衡量。大多数公司提拔员工基本上都是从内部晋升开始，因为公司需要共同的价值观，相对于外部晋升，从内部提拔的人员，其对公司文化以及愿景了解得更清晰。

外部晋升更看重业绩水平和价值观契合度。公司选择从外部"空降"人员，主要有两个方面原因：第一，公司内部人员不符合领导内心的期望；第二，"外来和尚会念经"，公司需要"鲶鱼效应"，目的是激发内部人员，同时还需要给公司带来不同的行业理念。

所以，你选择外部晋升成功的机会要比内部晋升大得多，但需要两个必要的条件，首先你的业绩水平要高于同行；其次可以快速融入新的公司文化，有相同的价值观，否则会很快被淘汰，这就是很多"空降"人员在新公司"存活率"很低的原因。

无论是内部晋升还是外部晋升，关键看你能获得什么资源。当你在晋升的时候，不要太看重领导给你的职位，而是要认真看一下，这个职位背后实实在在的价值。比如某公司给你副总的职位，然而这个职位所涉及的业务都是老业务，增长较慢，内部"一团糟"，而公司请你做副总，主要是想通过你把原有的员工辞掉或者解散这个部门。再比如当公司拓展新业务时，给你的职位是总监，不是副总，看似是降职，其实总监是实权，而副总只是个"摆设"。所以你做晋升选择的时候一定要看好背后的实质性资源，而不仅仅是职位。

任何人在找工作的时候，不要简单地看薪水和职位，而是要看你所处的这个岗位，是否属于公司核心价值。

内部加薪和外部加薪如何选择

内部加薪要重视向上沟通，尤其要保持耐心。向上沟通是特别重要的底层逻辑，沟通是一门艺术，跟领导沟通不但要有耐心，同时还要有信心。要详细跟领导汇报工作，认真听取领导给你的建议。

对于内部加薪要低调争取，除自己以外，不要跟同事沟通此事，同事不能决定你的工资，决定工资的是你的直属领导，所以要直接向上沟通。在职场谈薪资有两个禁忌：第一个是抱怨工资太低；第二个是跟同事聊加薪问题。涉及金钱的事情都是很敏感的，所以大家在职场中要谨记。内部加薪对个人职业自信的影响要大于外部加薪，而一个人能不能越走越稳，取决于自身在原有团队的经营能力。

外部加薪要重视公司的长期成长性，以及直属领导的基本面。"空降"到另一个公司时，要提前做好功课，全方面了解公司，包括公司文化、业务，以及核心领导层。首先公司文化是否和你的价值观契合；其次，从事的业务是否在行业内很有前景。"要想跑得快，全靠车头带"，公司上层领导是否值得你去跟随，这些都要全盘考虑。

找工作不是找工资，而是找领导，一个好的领导对你的影响是一生的，好的领导可以不断带你去突破，能力会得到快速提升。千万记住，不要因为追寻过高的工资而去选择"空降"，短时间内你可能会获得高额的利益，但也会随时面临公司突然倒闭，或者你和"空降"的公司没有产生良好的"化学反应"而被淘汰。

外部加薪要高调表现，如果你真的想走捷径，希望别人"挖"你，定期晒出成绩单，或用适当的方式让别人了解你。有些企业需要高端人才，会通过职业猎头找到自己所需的人才，所以高调亮出自己的业绩，才能让猎头更快地找到你。

无论是内部加薪还是外部加薪，都要更好地完成当下的工作，就像盖楼一样，从打地基开始，每一层都要认认真真去做。只有做好眼前的事情，才会有准备去迎接更好的未来。做好每一步，不断地夯实自身能力，这样才能争取更多的资源，当更多的资源呈现在你的面前时，你做事才会游刃有余。

内部转型和外部转型如何选择

在现实当中，对企业的员工来说，除了在原有的行业发展以外，还有另外一种选择，那就是跨界到其他行业去发展，这其实就是所谓的转型。转型和外部晋升或者加薪不同，外部晋升和加薪即便涉及行业的转换，通常也都是和之前从事的领域相似的行业。而转型，有时候职场人会从一个领域，跨越到另一个"风马牛不相及"的全新领域当中。

转型包括转行和转岗，转行是从自身熟悉的行业领域跨越到另一个未知的行业领域中去，比如你之前是做房地产行业，后来转做金融行业。转岗是企业内部岗位进行调换，是从本职工作调换到另一个职能岗位，比如你未来是想从事销售岗位，但公司根据需要把你调到运营岗位。

对大多数人来说，转行和转岗通常会选择其中之一。对选择转行的人而言，关键要转到具有较长上升期的行业，以及适合发挥自己优势的行业中去。

如果你从一个已经饱和的行业换到另一个饱和的行业中去，除非你有特殊的技能或者特殊的资源，否则很难"出头"。因为在饱和的行业中人才济济，很多人都在本行业深耕很多年，行业规则摸得门儿清，而你只是"门外汉"，根本发挥不了优势。

如果你要从红海行业转到蓝海行业，这样大家的起跑线相差不是很多，你可利用之前积累的经验，发挥自己的优势，这样很快就会成为行业佼佼者。

而对选择转岗的人来说，关键是要有明确的晋升空间，以及原有领导的推荐和支持。转岗肯定是要转到更有发展的岗位中去，否则你的转岗毫无意义。

比如你之前是从事行政人事岗位，此岗位上升空间有限，然后转到销售岗位，有很大的晋升空间。但是在你转岗之前，一定要有直属领导的推荐和支持，此时，无论之前跟领导有什么矛盾，你都要放低心态。因为领导的推荐和认可，第一会给你增加信心；第二会让你到将转去的岗位的领导对你很重视。记住一点，资源都是自己争取来的，不是别人白给你的。

无论内部转型还是外部转型，都要优先考察团队和直属领导。首先你是否能融入进团队文化，同时团队是否有良好的气氛，发展潜力有多大，这些都是你需要考虑的问题；其次直属领导是否愿意让你跟随，领导身上有哪些品质和优点值得你去学习，等等，这些也要认真思考。

成功转型的第一要素是决心。很多人想转型，但总是瞻前顾后，害怕自己会转型失败，害怕自己被淘汰，等等。要想转型成功，给自己设定第一个目标就是下决心，然后根据这个目标耐心地去做计划。要学会突破自己，切记犹豫不决。

在现实当中，也有转岗和转行同时进行的，比如之前从事金融销售岗位后，转到了房地产后勤岗位。原则上不建议既转行又转岗，因为这样会导致之前你积累的经验没有一点用处，一切都要从头再来，如果你想同时转行又转岗，建议你先找一个好师傅，有一段时间跟随师傅用心学习，以便尽快适应环境和掌握技能。

资源都是
自己争取的，
不是
别人白给你的。

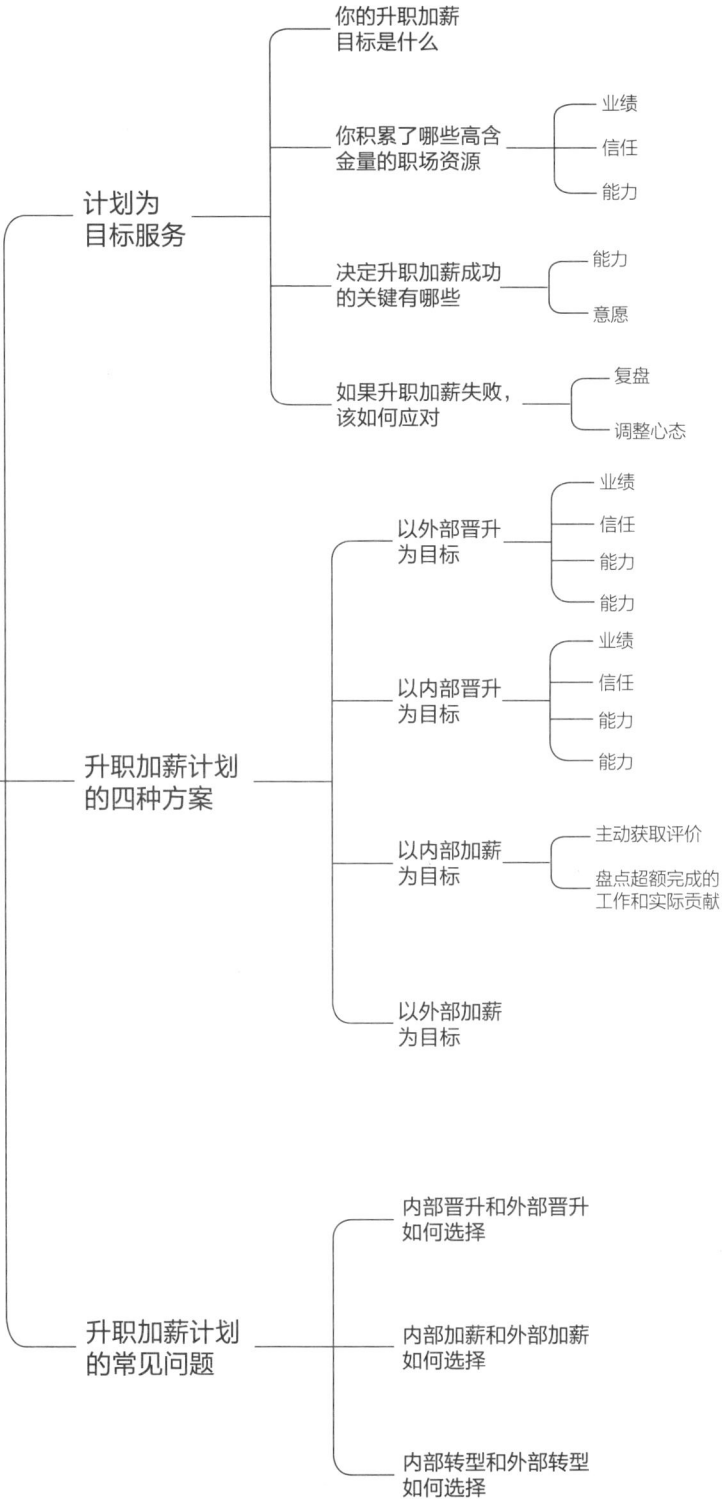

```
                                        ┌─── 你的升职加薪
                                        │     目标是什么
                                        │                          ┌─── 业绩
                                        │     你积累了哪些高含        ├─── 信任
                       ┌── 计划为     ──┤     金量的职场资源 ────────┤
                       │    目标服务     │                          └─── 能力
                       │                │     决定升职加薪成功        ┌─── 能力
                       │                ├─── 的关键有哪些 ──────────┤
                       │                │                          └─── 意愿
                       │                │     如果升职加薪失败,       ┌─── 复盘
                       │                └─── 该如何应对 ────────────┤
                       │                                           └─── 调整心态
                       │                                           ┌─── 业绩
                       │                                           ├─── 信任
                       │                     以外部晋升 ───────────┤
                       │                     为目标                 ├─── 能力
                       │                                           └─── 能力
                       │                                           ┌─── 业绩
  制                   │                                           ├─── 信任
  定                   │                     以内部晋升 ───────────┤
  升   ────────────────┤  升职加薪计划 ──┤     为目标                 ├─── 能力
  职                   │    的四种方案     │                          └─── 能力
  加                   │                │     以内部加薪             ┌─── 主动获取评价
  薪                   │                ├─── 为目标 ───────────────┤
  计                   │                │                          └─── 盘点超额完成的
  划                   │                │                               工作和实际贡献
                       │                └─── 以外部加薪
                       │                     为目标
                       │
                       │                ┌─── 内部晋升和外部晋升
                       │                │     如何选择
                       │                │
                       └── 升职加薪计划 ─┤     内部加薪和外部加薪
                            的常见问题     ├─── 如何选择
                                        │
                                        └─── 内部转型和外部转型
                                              如何选择
```

第四章

申请升职加薪

▶ ▶ ▶

"

升职加薪的本质是商业谈判，而商业谈判的本质是利益交换。员工用自己的能力，去向企业换取更高的待遇。但这种交换有时并不是等价的，因为企业会从全盘的角度综合考量，无形中增加了升职加薪谈判的复杂性。也正是因为如此，员工想要顺利且高效地完成谈判，实现升职加薪目标，必须提前做好准备，熟悉流程和注意事项。日常思虑周全，进行时方能无后顾之忧。

"

升职加薪的本质是
商业谈判，
而商业谈判的本质
是利益交换。

申请升职加薪的三项准备

"凡事预则立，不预则废"。短兵相接之时，准备越充分的人，越容易取胜。

在职场上，每个人都会有升职加薪的想法，也有不少尝试去和领导提出申请升职加薪的人，但其中大部分都会以失败告终。而失败的原因通常有两种：其一是自身的能力没有达到升职加薪的水平；其二是没有做好谈判的准备工作，在与领导面对面沟通时没能发挥出自己的正常水平，表现出自己的真实能力。

能力方面的问题，除了自己打磨、提升以外，没有任何捷径。但关于准备工作，我可以分享给大家一些经验，供大家参考。

通过对一些具体的职场案例的分析，我发现在升职加薪的谈判之前，我们需要做的准备工作主要有三方面的内容：第一，评估决策流程和标准；第二，争取一个机会窗口；第三，打磨三个关键理由。

评估决策流程和标准

升职加薪并不是员工一个人能够决定的事情，每一家公司，在员工升职加薪这件事情上，都有自己的评估流程和标准。只有在符合既定流程、满足甚至超过既定标准的前提下，公司才会同意员工升职加薪的申请。所以不论哪一家公司的员工，想要升职加薪，就要先去了解公司升职加薪评估的决策流程和具体标准。

一、了解公司的升职加薪标准

之所以将了解公司的升职加薪标准置于准备工作的第一步，主要的目的是为了提升准备工作的效率。如果员工在了解了公司的升职加薪标准之后，发现自己的能力水平尚未达到公司的标准，那么就可以省略之后的工作，直接进入能力提升的环节，避免做太多的无用功。

当然，在具体工作的过程中，员工也要充分了解公司不同岗位升职加薪的具体需求，不要只是单纯判断自己的能力是否符合标准，而是要找到自己的哪些方面属于比较突出的优势或者短板。优势能力可以作为日后谈判的筹码，提高升职加薪的成功率；而短板是需要重点关注并提升的关键之处，可以指导有计划、有方向地提升自我能力。

举个例子，某企业对于销售部门管理者的要求是具备较强的销售能力（月销售额达到 10 万以上）、有一定的一线工作经验（三年以上门店销售经历）、有团队意识（参与集体项目不低于三次），并且具备一定的管理才干（曾经单独带领项目小组完成过销售业务）。如果销售人员想要晋升为销售部门主管，就要考虑自己是否符合以上提到的这四种标准。如果全部符合，员工就可以向企业递交升职加薪的申请；如果其中某一项没有达到标准，员工应该重点去提升自己的薄弱环节，在符合标准之后，再去申请升职加薪。

二、了解公司的升职加薪评估流程

确定了企业升职加薪的标准之后，接下来员工就可以整合自己的资源，考虑去提交升职加薪的申请。但在此之前，员工首先要搞清楚如何申请、向谁申请，而明确这些重要路径，需要员工了解公司升职加薪的评估流程。

对员工来说，岗位不同，层级不同，升职加薪的评估流程也会有所区别。就拿基层员工和中低层员工来说，决定他们升职加薪的人，通常都是其直属领导；但是对中高层员工和一些高管来说，能决定他们升职加薪的，可能就是公司的创始人或者是最高管理者。由此可见，职位级别跟影响力并不成正比，并不是所有想要升职加薪的职场人，都必须通过最高管理者才能获得机会。相反，只有找到能够决定你是否升职加薪的关键人员，申请和未来的谈判才能有针对性地展开。

实际上，在不同的商业场景中，只要涉及谈判的内容，都不可避免要聊到找到关键决策人这个话题。之前创业阶段，我在寻找外部融资的时候就发现，和一些投资机构当中所谓的投资总监去沟通，基本达不到太好的效果。因为投资总监这个职位听起来很重要，但在投资机构当中其实属于中层岗位，他们能自己决定的事情非常有限。相对而言，和一些手握实权的副总裁级别的人进行探讨，往往能够取得更好的效果。

办公司想要获得融资，就要找投资机构里的关键决策人；而相对应地，职场人想要升职加薪，就要先去了解本公司的决策流程和标准，找到那个能真正决定你升职加薪与否的人。

三、与关键决策人建立信任关系

找到了能够决定自己是否可以升职加薪的关键决策人，是不是就意味着可以直接提交申请，进入与领导的谈判环节了呢？答案当然是否定的。在之前的内容中，我们提到想要申请升职加薪，首先员工自身的能力水平需要达到公司的既定标准，但在这个前提下，还有一个隐藏条件，那就是领导者或者说关键决策人对员工要有一定的信任基础，认同员工能力水平达标的评判结果。如果关键决策人不信任员工，那即便能力达标，升职加薪的申请也很难通过。

所以，在找到关键决策人之后，员工不要急于提交申请，而是要深入地考虑一下自己与领导者之间是否具备一定的信任基础。如果和决策人之间没有信任基础，就别着急提升职加薪的要求，先试着培养彼此的信任，避免冒进地申请给领导留下不好的印象，影响日后的升职加薪。

举个例子，小陆作为公司的金牌销售员，各方面的工作能力都比较突出，但不太会和同事"相处"，和领导的关系也比较生疏。在工作五年之后，小陆某一天下班前去找自己的直属领导申请升职加薪，但领导考虑到自己除了知道小陆一直有比较突出的销售业绩以外，并不了解这名员工其他方面的能力。为了了解小陆的能力，领导向小陆的其他同事进行了问询，结果同事们一方面出于嫉妒，另一方面也确实交往不深，并没有说出太多小陆的其他优势。最终，领导驳回了小陆升职加薪的申请，说要再考察一段时间。

职场人想要升职加薪，就要与能决定自己升职加薪与否的决策人培养一定的信任基础。有了信任基础，才能为自己以后申请升职加薪助力。

除了这三步以外，还要了解整个流程，知道审批具体要花的时间，以及评估决策流程和标准的整个过程中哪里最容易出问题。只有把流程和标准从头到尾梳理透彻，才能为申请升职加薪做好充足的准备。

争取一个机会窗口

想要升职加薪，除了了解流程和标准外，还要把握准确的时机。因为站在公司的角度上来说，面对大量的员工和复杂的具体发展情况，升职加薪并不是只考虑员工自身能力水平的问题，而是需要综合多方面的因素。

在现实中，我相信很多职场人都遭遇过这样的情况，明明自己的工作能力很强，却始终得不到晋升或者涨薪，尤其是在发展比较成熟阶段的企业，这种现象更为常见。之所以会出现这样的问题，原因很简单，企业内部的管理岗位是有限的，很多有经验、有能力的管理者已经将这些岗位占满，企业没有额外的晋升空间给予其他优秀的员工。

换个角度来说，如果是在一个急需人才的公司当中，即便你自身的能力没有达到相应的水平，但只要你在同级别的员工当中"鹤立鸡群"，则一样可以得到晋升。对比来看，不难得出一个结论，能力固然重要，但如果不能把握住合适的时机，升职加薪的目的也很难达到。

对我们个人来说，升职加薪最理想的时机应该是自己的能力成长到一定水平，而公司又恰好缺少人才的发展阶段。而在现实中，大多数的职场人都会考量自身的能力水平，但常常忽略时机的把握，无形中增加了升职加薪目标实现的不确定性。运气好的人，恰好在公司缺少人才的阶段提出了申请，顺利升职加薪，但这样的人在公司当中始终都是少数；更多的人还是会因为管理岗位的饱和，而失去晋升和涨薪的机会。

那么在实际的工作中，我们应该如何判断机会窗口真正出现的时机，及时地提交申请呢？这里有五个维度的评判标准，可以供大家参考。

一、公司的经营状况

总的来说，公司的经营状况，可以总结为增长快、增长困难和增长停滞这三种大致的情形。如果公司目前的发展态势良好，增长速度很快，伴随着业务的发展，公司必然会出现团队规模扩大的需求。这个阶段，是员工升职加薪最合适的时机。

公司快速增长的过程，其实也是公司"攻城略地"、抢占市场的过程。公司从成功攻打下一个小县城开始，逐渐累积实力，为攻打大城市做准备；而成功攻占一座城市之后，公司又会再度开始积累实力，攻打一个又一个大城市，最终进军全国市场，乃至世界市场。

而从员工升职加薪的角度来说，公司攻打县城的时候，因为市场范围有限，可能并不需要太多的管理者。可当公司攻占了新的市场之后，新的市场需要有人去经营，而原有管理者离开之后空出来的职位，也需要有人去填补，在这个阶段，公司会需要大量的管理人才，换句话说，公司快速增长的阶段，是员工升职加薪最好的时机。

反过来讲，当公司的发展陷入停滞，规模扩张受阻，但依然在按部就班运营的时候，没有新的管理岗位空缺，员工想要加薪，凭借出类拔萃的能力还有可能实现；至于晋升，几乎没有任何空间，就算之前的管理人员出现了严重的错误，公司将其"清理"出去，为了尽可能减少生存成本，公司也不会再提拔其他的高薪的管理者。在这种情况下，用升职加薪的未来激励有能力的员工来管理工作，而不给予他们管理者的身份，是更常见的处理方式。

    举个例子，从 A 公司创业开始，小杨就一直在这里工作。最初的几年，企业的发展一直比较缓慢，业务扩张的范围也比较有限，小杨虽然能力突出，但提交了几次升职的申请都被驳回，原因是公司内部没有多余的管理岗位。但是，为了留住小杨这个优秀的人才，公司每次都给小杨增加了薪酬。

    之后，A 公司调整了业务的方向，准确地与市场潮流接轨，迎来了飞速扩张的阶段。三年的时间，开拓了三个不同城市的市场，并建立了三个分公司。虽然组建了分公司，但因为发展的速度太快，缺少关键的人才去主持工作。小杨抓准时机，再一次提交了晋升的申请，而这次公司没有让他失望，他顺利晋升为分公司的部门经理。

职场人的升职加薪和公司业绩的增长有着直接关系，公司的业绩一直在增长，公司对管理层的数量需求就会增加，对职场人而言，公司业绩的不断增长就能增加其升职加薪的概率；而公司一旦增长停滞，就需要用裁员来减少生存成本，这个时候员工提升职加薪，显然不切实际。

公司除了在快速增长的阶段，能够给员工带来升职加薪的机会以外，当发展出现困难时，员工同样也可以获得升职加薪的机会。因为越是在困难的发展阶段，公司对于能够带领团队，打破瓶颈的管理者会越看重。当然，前提是员工自身的能力足够强大。

换言之，自身能力强大的员工，在公司遭遇发展困难的阶段，更容易得到重用。就像我刚才所说的，当公司"攻下"县城却始终"攻不下"大城市的时候，就格外需要有能力的人可以站出来带领团队"进攻"大城市。

当公司的发展陷入困境时，作为员工，如果你自身的能力够强，一定要及时站出来，展现自己的能力，主动要求成为"攻坚手"。员工通过这种积极主动的表现，会赢得领导的信任，也更容易达到自己升职加薪的目的。

如果员工提出晋升或涨薪的申请但没有通过的话，说明领导对员工还不够信任，或者认为员工的能力还不足以承担更高的职位。在这种情况下，员工绝对不能反复地跟领导要求升职加薪，否则，只能使领导产生厌烦的情绪。

二、公司人力资源的状态

作为员工，我们可以通过公司的经营状态，去判断公司管理岗位的饱和度。但其实在具体的工作中，还有一种更加直接的方式，可以帮助我们判断公司是否缺少管理人才，自己有没有晋升的机会，那就是对公司人力资源状态的直观判断。

从宏观的角度出发，公司的人力资源状态主要分为两种，一种是兵多将少，管理人员比较少，基础员工很多；另一种是将多兵少，管理人员很多，基础员工很少。对想要升职加薪的员工来说，前者明显会出现更大的晋升空间。因为公司员工数量较多的时候，往往需要一些人才晋升到领导岗来带领一线员工。反之，如果管理人员的数量已经过量，公司自然要砍掉许多"将"来维持整体人力资源平衡，这时候员工提出升职加薪的申请，显然不合时宜。

从微观的角度来说，企业的人力资源状态是不断变化的。相应地，员工升职加薪的机会窗口也是时隐时现的。如果员工自己不能确保时机分析的准确性，不能保证机会出现的时候，可以快速抓住，那么就要保持一颗坚守的心，找好、找准自己想要晋升的岗位，提升自己的能力水平，然后坚持到机会到来的时刻。比如，某员工一直"瞄准"一个空的管理岗位，但这个岗位突然"空降"了一个领导，面对这种情况员工需要放弃吗？完全不必，员工大可以跟公司申请做"空降"领导的副手，协助他工作，继续积累经验，为进一步晋升奠定基础。

三、员工的业绩与薪水匹配度

分析升职加薪的机会窗口，除了从公司发展的不同维度出发以外，还可以在员工自身发展需要的基础上进行分析。

站在员工的立场上，其实大多数人对于自身职位和薪资水平的需求，是和自身的能力以及业绩水平直接挂钩的。如果员工的业绩和收入在团队中的排名相同，或者收入排名超过业绩排名的时候，说明员工的能力与当前的薪水是相对匹配的；但如果员工的收入排名低于业绩排名，则说明员工的实际价值应该超出现有的薪资水平。当员工发现自己创造的业绩，已经超出自己所处的岗位要求时，自然而然会产生升职加薪的想法。

而在能力明显超出目前岗位要求，或者说业绩与薪水不匹配，业绩水平高于薪资待遇水平的时候，也是员工积极展示自己，提升领导信任度，申请升职加薪的好时机。

四、员工与直属领导的协作

从升职加薪的底层逻辑出发，员工展现自己的能力，其实是为了强化领导对自己的信任度，从而提升升职加薪的成功率。而能够提升领导对员工信任度的，不只有超出岗位要求的能力，还有和直属领导直接协作的经历。

如果员工与直属领导之间有过协作经历，且合作的过程和结果双方都比较满意，领导对于员工通常会比较信任，员工升职加薪的申请也比较容易通过。但如果在过去的一段时间里，员工与领导之间并没有协作经历，说明领导对员工的信任非常有限。在这种情况下，员工去申请升职加薪的话，可能只会更加恶化双方之间的关系。

五、参与承担关键目标

除了直接的协作经历以外，员工承担关键目标执行工作的实践经历，也能有效提升领导对员工的信任感。

公司在发展的过程中，总会出现一些重要的关键目标。如果员工能够在关键目标的实现过程中做出重要的里程碑式贡献，并且被领导关注到，那么你在领导对你印象绝佳的时机，提出升职加薪的申请，也更容易得到批准。

总之，真正的机会窗口也是需要有时机的，而这些时机，都是留给有准备的人。对员工而言，你要做的就是把这些准备一条一条地完成，让自己一步一步地走到机会面前，然后一把抓住它。

打磨三个关键理由

明确了流程和标准，也找到了合适的机会，升职加薪谈判的准备工作就剩下最后一步，那就是在思考具体谈判过程中，找到能够用来说服领导的关键理由。

首先，我们要明确一点，谈判的本质不是说漂亮话，而是让自己升职加薪的申请成功通过。所以，职场人士在进行谈判的时候，不论准备的理由是什么，都不能只是看起来漂亮，而是要让人真正觉得有价值、具备说服力。

在进行谈判的过程中，双方都想达成一个都满意的最终协议，但员工想的是最大限度地提升自己的职位和待遇，而领导想的是如何在控制成本的前提下，留住人才。显然两者之间的诉求并不统一，至于谁能说服谁，最后还是要看谁的理由更加充分，让对方无法反驳。

那么对员工来说，在升职加薪的谈判中，哪些理由能够用来说服领导呢？或者员工也可以换个角度来诠释这个问题，哪些理由可以让领导确认公司的未来发展没你不行呢？根据我的经验，员工可以从三个角度去说服领导。

一、站在公司发展的角度告诉领导，为什么公司需要你做负责人？

公司的未来发展面对的是各种各样的不确定因素，在这种情况下，有一个优秀的领导者、负责人就显得尤为重要。但也正是因为每个公司所面对的发展问题大相径庭，所以员工要针对自己公司的困难制订出能完美解决公司的困难痛点，做出能说服决策人的具有针对性的方案计划，让决策人看到你能解决问题的信心以及能担任负责人的能力。

为了能够说服领导，在正式谈判之前，员工要做好细致的准备，明确公司目前或者未来要面对的难题有哪些，然后针对这些问题制订合理的解决方案，最后还要设计一种合适的讲述逻辑。总之，要让领导看到你的"远见卓识"和处理问题的能力。只有这样，才能说服领导相信，企业的未来发展需要你的参与。

二、站在直属领导的角度告诉他，为什么他需要一个好帮手？

领导对于员工的信任，一方面源自员工对公司的价值，另一方面源自员工对自己的价值判断。如果员工能够说服领导，就可以成为他的好帮手，从个人情感的角度出发，领导往往也愿意帮助员工实现升职加薪的目标。

但在企业当中，实际上很多员工不愿意与自己的直属领导探讨升职加薪的问题，因为在他们看来，自己的晋升势必是要取代直属领导的。这个想法其实是个误区，而且这种思考方式本身就很狭隘。为什么一定是要把直属领导"挤"走呢？为什么不是你让对方一直认为，你不管升到哪个岗位，都是他的下属，都是他的好帮手呢？如果你一直抱有这种愿意跟着直属领导走的心态，那么你的直属领导肯定也会愿意提拔你和高看你。

不管领导在公司的发展如何，他总是会需要一个帮手帮他分担一些工作上的事情。而员工也应该让领导明白，不论申请升职加薪的你在成功之后升到哪个职位上，哪怕你最后都晋升成为公司 CEO 了，领导还是个总监，你仍然是他的"帮手"，只有这样，领导才愿意一直帮助你。

三、站在人力资源部的角度告诉领导，为什么公司需要一个好员工？

即便员工已经说完了前面两个理由，还是没有彻底地说服决策人，那还可以站在人力资源部的角度上为领导分析，公司为什么会需要你这样的好员工。

如果说销售员在公司的业绩是销售额，那么人力资源部在公司的作用就是为公司选择出优秀的管理人员。想要成为人力资源部的"目标"并不容易，因为不是谁都可以成为他们的"目标"。人力资源部想选择的，一定是在未来具有长期发展潜力的员工。

从这个角度出发，员工可以向领导证明，不论是学习能力还是业务能力等，自己都是一个很有潜力的人，是可以被人力资源部选中，未来可以成为优秀管理人员的人选。这样一来，领导会对你产生信心，认为自己为公司选了需要的正确人才。

总的来说，准备好这三个关键理由，需要员工充分了解领导。对领导越熟悉，就越能投其所好与领导建立一个良好的关系。而良好、稳定的关系，是向上管理的基础。有了这个基础之后，员工还要明白，作为领导，他也有着自己的需求目标以及烦恼。比如说，领导也想获得更上一级领导的认可，希望自己能持续出色地完成团队目标，以及在较低的管理成本上，实现更低的管理成本，被下属尊重和信任。

员工只有深刻地了解了这些，才能真正意识到自己为了升职加薪所做的这三项准备，绝不是在给领导制造麻烦；恰恰相反，是要让领导认为你的升职加薪是他应该帮助你一起完成的事情，因为你的升职加薪不仅仅是你的需求，还可以满足他的需求。如果你能做到这一点，那么你就能很轻松地通过升职加薪的申请。

当然，在为了升职加薪的准备工作而奔忙的时候，我们也不能忽略自己的本职工作。如果为了升职加薪导致工作质量下降，这在领导眼中是失职现象，不但会降低领导对你的信任，甚至还会对升职加薪的最终结果产生不利的影响。

为了更加谨慎地完成申请，员工可以在充分准备升职加薪和做好本职工作的同时，去咨询一下经历过升职加薪的同事。比如，在一些非正式的场合里，和他们聊一聊他们申请过程中哪些地方最容易出现问题。然后，针对容易出现的问题，再进行反向操作，就可以成功避免踩到"雷区"。

申请升职加薪的六个步骤

申请升职加薪可总结出的一些流程式的内容。

做好了升职加薪的三项准备之后，接下来要做的就是向公司正式提交申请。但是在申请之前，还有一些必要的工作需要完成。

首先要做的就是进行调研评估，通过别人的意见确定自己的能力水平，得到一些有效的建议；然后根据自身的需要结合别人的建议，确定申请的内容；紧接着撰写一份正式申请给能决定你升职加薪与否的决策人。

在提交申请之后，也有一些重要的环节需要注意。在和决策人正式谈话前，先站在他的角度去思考针对员工申请升职加薪的要求，有哪些是需要考虑的地方；根据公司与自身具体的状况，对原来的申请进行调整、补充；最后在获得批准之后，要主动确认书面批准的具体时间，将升职加薪这件事情落地。

当然，以上只是简略的说明，在之后的内容中，我会针对申请升职加薪的六个步骤（如图 4-1 所示），逐一进行细致的讲解。

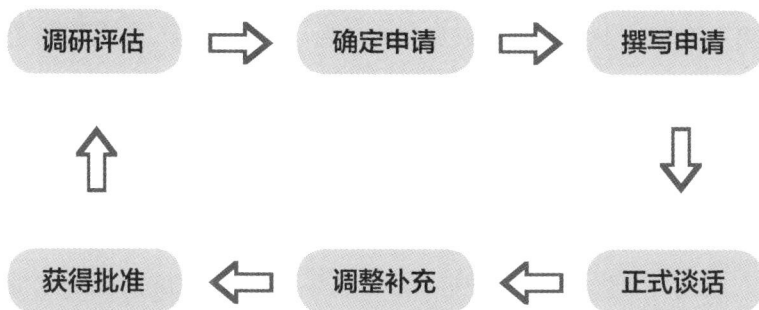

图 4-1 申请升职加薪的六个步骤

调研评估

所谓调研评估，简单来说就是在申请之前，找到一个"靠谱"的中间人，通过非正式的沟通，让他来对你进行评价。通过了解自己在别人心目中的形象和能力水平，能够更准确地确认是否可以就升职加薪这件事与领导进行"谈判"。

而在公司当中，既了解每一个员工，又能站在局外做出评价的，通常是人力资源部门的同事（HR）。当然，为了从同事口中听到真话，我个人的建议是采取非正式沟通的方式。而且在具体的沟通过程中，还要注意提问等技巧。

一、感谢人力资源部对工作的帮助，非常看好公司发展前景

在与 HR 沟通的过程中，员工要记得摆正自己的位置。一开始

可以选择用肯定对方的方式作为开头，继而赞扬对方在实际工作中的能力。除了认可对方之外，员工还要表达出非常看好公司发展前景的想法。

这两点，是你在这场非正式沟通中，必须要传递出来的关键信号。前者是为了从 HR 口中获取真实的信息，后者是为了展现你与企业价值观的趋同，提升 HR 对你的信任程度。

二、分享个人实际生活需求，初步提出想和公司申请升职加薪

在非正式沟通的场合下，提出一些正式的要求本身就有些不合时宜，所以员工可以选择通过讲述个人生活需求的方式，隐晦地提出申请升职加薪的意愿。简而言之，就是跟对方明确说出自己在实际的个人生活中，有什么样的需求。比如说，来公司三年，可租的房子一直离公司很远，所以上下班的路程也一直很远。现在想要换个住所，但自己的收入支撑不起。诸如此类能够表达个人工作压力大，承担责任多，希望能改善一下生活的内容，都可以作为升职加薪意愿的载体。

三、真诚邀请他人，对自己的工作成绩做一次评估分析

通过描述自己的生活需求，以及对当前待遇的不满，HR 或多或少可以感知到员工对于升职加薪的诉求。在这种情况下，邀请 HR 对你的工作做一个评估，给出一些参考意见，对方会更有针对性地提出一些建议。

当然，不排除有些时候，HR 不说什么，因为员工的晋升通常是由自己的直属领导决定，人力部门介入或者提供建议，有越俎代庖之嫌。在这种情况下，作为主动要求升职加薪的员工来说，不仅沟通要十分主动，还要具备一定的耐心，需要通过持续的沟通得到 HR 的

信任。只有这样，才能得到真正准确而有效的建议，为之后的具体申请打好基础。

在之前的内容中，我们一直在强调员工必须在能力满足更高级别岗位要求的时候，才能去申请升职加薪。但有的时候，我们对自己的判断是不准确的，为了保证升职加薪的申请能够顺利通过，我们有必要在提交申请之前，借他人之口，了解自己的能力水平。

确定申请

做好调研评估，最后 HR 能给出的建议也无非是以下三种：其一，不建议申请升职加薪；其二，建议提交升职加薪的申请；其三，建议暂缓。无论 HR 给你的评价属于哪一种，你自己都要明白，要充分尊重他的建议，但并不是就一定要听从。

因为这是在非正式的沟通场合下，如果 HR 给出的评价你并不认可，大可以明确地询问对方做出这种判断的具体理由。在询问的过程中，还可以适当加入自己的一些实际情况，尽自己最大的努力来获得对方有效的建议。一旦 HR 表示支持，就可以请对方给予一些协助，帮助自己明确一下申请的流程。

除此之外，对员工来说最重要的是，要有足够的耐心让自己能够争取到 HR 的信任。HR 是一大助力，他们知道什么时间段争取升职加薪比较合适，更能帮助员工明确申请的标准流程，解答是否可以直接找领导，找领导又应该准备什么手续。在员工的升职加薪计划里，如果能与 HR 成为一个"战壕"的"战友"，来共同完成升职加薪的话，事情自然会事半功倍。

当然，除了人力资源部门以外，在有的公司，行政部门负责员工的考察和审核，你也可以向他们寻求意见。不管是和哪些同事进行沟通，无论沟通的结果如何，你都要自己动起来去做这件事情，保持足够的耐心，只有这样，才能得到你想要的确定信息。

撰写申请

为了能让领导感受到你的诚意，得到更多的信任，在确定了要申请升职加薪之后，就要写一份较为正式的申请，提交给影响自己升职加薪的关键决策人。而这种正式性，可以具体从以下五点来体现。

一、列举实例，感谢公司（尤其是直属领导）对自己的培养

在撰写申请的第一条里，一定要包含"感谢"这个信息。每个人在进入公司之后，或多或少都得到过领导的帮助。那么这时你完全可以把领导在哪些方面帮助你取得了进步，领导又在何时培养了你，写在申请的第一条里，以表达自己的感谢。这样做的目的是加强与领导之间的"心灵联结"，通过情感共鸣的方式得到领导的认同，提升领导对自己的信任感。

二、阐述业绩，表达自己已经做好准备，能够承担更大的挑战和更高的目标

员工撰写申请的最终目的是升职加薪，而为了实现这个目标，在工作当中，自然需要承担更大的责任。所以员工在撰写申请的时候，一定要想方设法让领导明白，你的升职加薪虽然提升了人力的成本，但你可以为公司创造更多的价值，让公司的投入得到更多的回报。

三、进一步分析，完成这个更大的挑战和目标，对公司和领导都很重要

除了要让领导知道你可以为公司创造更多价值以外，还要在公司攻坚关键目标时，表现出自己对攻坚关键目标拥有强大的自信，以及接受挑战的立场和绝对能完成任务的信心，以提升领导对你的信任。

四、进一步重申，自己有能力"搞定"这个挑战和目标，渴望贡献更大价值

即便你已经明确跟公司表示，自己拥有绝对能完成攻坚关键目标的决心，但公司也一定会有所犹豫，考虑是否要对你进行考察。在这种情况下，员工有必要趁热打铁，再次表现出自己完全有能力拿下这一关键目标，为公司贡献更大价值的决心和信心。

五、再次表达对公司发展的信心，长期合作的决心，申请与领导面谈

在表达了对领导的感谢，说明了自身的能力，表明了自己对于承担更高、更难任务的决心与信心后，还要让领导感受到你对公司的忠诚。毕竟培养一个高水平的人才不容易，其中的投入与付出只有公司自己明白，而且成为管理者之后，员工还能掌握一部分商业机密，这样的人，公司不希望也不愿让他们轻易离开。而表达忠诚，其实就是为了打消领导这方面的顾虑。

在具体撰写申请的时候，要表达自己有跟公司长期合作发展的信心，以及自己对公司有着绝对的忠诚度。明确自己是在这种前提下，才渴望向公司贡献出自己的最大价值。

对企业来说，一个合适的管理者，在能力、决心、信心、忠心

这四个方面都必须达到相当高的水平。所以，员工想要成功实现自己升职加薪的目标，在撰写申请时，也要注意这四个维度信息的展示与说明。

正式谈话

在申请升职加薪的过程中，通常是提交了申请之后，领导会找到员工进行正式的谈话或者说谈判。领导谈话的目的是在降低员工的要求，留住人才的同时，控制人力成本；而员工谈话的目的，是提升领导对自己的信任，达到升职加薪的目的。

领导与员工的诉求，虽然是明确的对立面，但最终决定员工能否顺利升职加薪的始终是领导而不是员工。所以，在沟通的时候，作为员工，不要一味地只倾诉自己的需求，期望领导能够按照自己的意愿达成目标，而是要学会站在领导的角度去分析，哪些顾虑会导致他不愿意给予你更高的职位或者待遇。

一、你过去的真实贡献有哪些？团队绩效占比突出吗？

公司领导在面对员工升职加薪的请求时都会产生一些顾虑，这是非常正常的现象。因为很多时候，领导都不能明确员工在过去为公司做出的真实贡献究竟有多少，在团队中的绩效占比又是什么水平。了解到领导的顾虑后，对员工而言，要做的就是通过对自己过去半年内的业绩盘点，用具体数据向领导展示出你对公司的真实贡献和水平，从而打消领导的顾虑。

二、今后会保持这种贡献水平吗？如何证明你的成长潜力？

除了过去的成绩以外，员工未来发展的潜力，也是公司评判员工是否可以升职加薪的关键因素。因为工资、提成和奖金的性质不同，如果员工只是阶段性地表现突出，则可以用提高奖金来代替涨薪。但若员工提交的是升职加薪的申请，那就必须向公司证明你在未来有绝对的成长潜力。

那么，如何向公司证明自己能力呢？最好的方法，就是我之前提到的：放大个人优势，同时弥补自身不足的地方。让自己在当下以及接下来的一段时间内，在公司具备一定的不可替代性。

三、如果领导否决你的申请，你会离职吗？如果离职，团队会产生哪些损失？

即便我们做好了"万全"准备，也要充分考虑领导会有顾虑，依然有可能出现申请被驳回的情况。所以，员工在申请升职加薪的时候，要为自己想好后路：如果申请成功，那自然好；但如果申请被否决，就要想好是要辞职跳槽，还是继续努力为下一次的"机会窗口"做准备。

针对可能会出现申请被否定的情况，可以列出如果你不在这家公司、这个团队之后，公司及团队会产生的损失后果，让领导注意到你的价值，提升成功的概率。

四、给你升职加薪，领导有多大的话语权？领导之前批准过其他人吗？

如果领导最后真的没批准你的升职加薪申请，通常有两种可能：第一，领导认为你的能力有待提高，还不足以承担更高的职务；第二，领导本身没有批准员工升职加薪的权力。

为了确认究竟是什么原因导致领导不同意你的申请，你可以去询问一下其他同事，领导之前有没有批准过别人的申请。如果有，说明是自己的能力有问题；但如果没有，大概率是因为领导不具备这方面的话语权。而如果是能力问题，你就只能回头去提升自己；但如果是领导的权限问题，你应该主动去找有真正话语权的人。

五、公司高层领导的风格是怎样的？是更看重成本、团队，还是更看重业绩？

一般在公司里，每个领导的风格都不一样。有的更看中成本，有的更看重团队，也有的更看重业绩。对你而言，可以通过询问领导知道对方更看重的是什么，来快速判断出未来几年你在公司里会是一个什么样的处境。

比如说，公司更看重成本，那未来三年可能就会不断地提升技术、降低成本；如果公司更看重业绩，那就表示未来三年你需要不断地攻克一个又一个的困难。

在你和领导正式谈话时，要记住一点，沟通的第一目的是达成共识。但很多时候，因为双方的目标不一致，很难达成共识。即便如此，作为员工依然需要在谈话中营造一种目标一致、少说多问、言之有据、坚定乐观的无条件的积极氛围，让相关领导或者是负责人承认你的正确性。

> 经理："老板，消费品部门希望我去那里工作，我也认为自己更适合。"
> 老板："你应该拒绝他们的聘书，继续在半导体部门找到合适的位置。"
> 经理："老板，您让我留在半导体部门，主要是因为什么呢？"

沟通的

第一目的，

是达成共识。

老板："因为对你来说，这是最好的职位。"

经理："最好的职位？可是公司似乎并没有规定，我必须留在半导体部门。"

老板说："确实，公司没有这样的规定。"

经理："那您能否告诉我真实理由，为什么希望我留在半导体部门呢？"

老板："我需要你帮我打通半导体部门与消费品部门的关系网。"

经理说："那您应该同意我去消费品部门工作。因为我去了之后一样可以帮您建立关系网。只要我还在总部，那么无论我在哪个部门，我都可以帮助您，让两个部门的高级经理去沟通。"

即便申请者在谈话的最开始没有和领导达成共识，也要在谈话中营造出一种无条件的积极氛围，引导领导承认有一部分的工作需要申请者帮忙完成。在积极地引导之后，就会让领导得出结论：不管申请者在公司的哪个职位，只要自己需要他，他都是自己的一个帮手。

调整补充

员工的升职加薪计划也好，申请也罢，都是为了帮助自己实现目标。所以，计划不是一成不变的，更不是不可更改的。如果计划的调整对实现目标有益，就应该果断根据需求进行调整。

在实际操作中，根据实际谈话的效果，员工已经知道在计划里，有哪些是可行的，有哪些是需要及时调整改变的。总之，当员工已经走到需要调整补充这一步时，不如就针对计划的部分做出不同的调整，明白自己接下来应该怎么做，也算是给公司和领导一些缓冲。

获得批准

很多事情的发展走向，往往容易在最后一步的时候发生变化。申请升职加薪的员工同样如此，越是到了获得批准的最后一步，越应该有一种紧迫的心态。

在升职加薪的申请得到批准之后，员工要在第一时间感谢领导，然后与人力资源部门确认书面批准的具体时间。避免因为中间环节的拖沓，或者其他变故的出现，影响自己的晋升或者涨薪。

总之，升职加薪的这六个步骤每一个都有用，做好这六步，你就离升职加薪的目标越来越近。

在完成申请升职加薪的六个步骤之后，我们需要针对这次申请进行一次复盘。用复盘的方式，找出在调研评估、确定申请、撰写申请、正式谈话、调整补充以及获得批准这六个步骤中，哪些是自己容易出错的地方，然后从中找出问题加以改正，如果提交的申请没有通过，那这一次的复盘就可以为第二次的升职加薪申请做准备。

申请升职加薪的七个注意事项

在申请升职加薪的过程中，员工还应该时刻注意别让自己去犯一些低级错误，避免因小失大。

很多人在申请升职加薪时都特别自信，因为他们都有漂亮的业绩做支撑。但因为整个升职加薪的流程，并不是一两天就能完成的，那么在这个阶段，申请人除了要保证能圆满完成手上现有的工作以外，还要注意几个事项，以防止自己在简单的事情上因简单的错误而导致最终申请的失败。在这里，我将它们总结归纳为七个注意事项：低调行事、先谈贡献、换位思考、明确方向、注意节奏、保持耐心以及学会感谢。

想要成功升职加薪，就要按照既定步骤来实现，但完全以此为依据的话，失败也同样容易。因为在那些我们不以为意的小细节上，最容易出现破坏计划的致命错误。所以越是细节，越应该引起我们的重视，哪怕只是和同事的一次吐槽，或者是简单的不够耐心，都有可能成为毁掉申请升职加薪这件事的关键导火索。

低调行事：避免与无关同事讨论

我之所以会提到，员工在申请升职加薪的过程中需要低调行事，原因有二：其一，和同事讨论这件事对自己而言没有任何价值，既不解压也不能帮上自己任何忙；其二，反复和不同的同事说这件事，也只是不停地让自己去放大这种焦虑感。所以，和任何无关的同事谈论升职加薪这件事，对自己而言没有任何意义和好处。

从客观的角度来看，最终能决定员工是否可以升职加薪的，是决策人和公司。员工只需要遵守公司纪律和尊重决策人的决定，至于同事怎么想，怎么议论，都不在自己应该关注的范围之内。

从主观的角度来看，虽然人以群分，但如果自己身边的人心怀叵测，传播一些不实信息，可能就会对你的升职加薪造成负面的影响。所以，为了避免节外生枝，也要尽可能保持淡定，不要和同事过多地谈论这方面的事情。

举个例子，小王是公司的新员工，虽然年纪轻轻，但能力很强，进入公司不到半年时间就"搞定"了一个大项目，领导对小王也一直赞誉有加。之后，公司开拓了新的市场，小王所在部门的经理被派到了其他分公司去开拓业务，小王觉得时机不错，而且自己的能力也符合公司的晋升标准，于是提交了升职加薪的申请。与此同时，小王所在部门的另外一名老员工老李也提交了晋升申请。

虽然提交了申请，但作为一个新人，小王的心里其实一直忐忑不安。考虑到老李工作经验丰富，小王选择向老李"取经"。但是老李在得知小王也提交了升职加薪申请之后，表面上像个老前辈一样对小王谆谆教诲，但私下里却和其他几个同事谈论小王资历浅，却又好高骛远。这话传到了领导耳朵里，原本领导打算让更有潜力的小王接任经理职位，但碍于风言风语，不得不选择暂缓，小王的第一次升职加薪申请失败了。

虽然这样的事情并不多见，我也不是所谓的职场"黑暗论拥趸"，但在实际的工作中，确实会存在这样的风险，所以我还是建议员工在申请升职加薪的时候，尽量不要和其他同事进行过多的交流。

先谈贡献：没有贡献，一切免谈

公司在衡量一个员工是否可以升职加薪的时候，往往会把员工过去的贡献作为主要参考标准之一。一个发展成熟、体系完备的公司，不会让任何一个为公司创造价值的员工"吃亏"，也不会让任何一个碌碌无为的人，得到本不属于他的报酬。

至于什么样的工作算是创造价值，哪些工作算是业绩，这些只有管理者自己知道。所以员工要常常询问，从领导手中得到创造价值的机会，做出领导认同的贡献，这就是所谓的向上管理。

换位思考：站在领导角度思考

如果你是领导，最不希望什么样的员工申请升职加薪？只有做到换位思考，才能知道面对你的申请，领导的真实想法是什么。然后再把换位思考后得出的结论提前整理出来，针对结论想出某些能应对的计划。

这同时也相当于在给自己"排雷"，依照自己换位思考后的结论，再往反方向发展，就可以在申请的过程中告诉自己一定不要成为领导最不希望升职加薪的那一类人。简而言之，换位思考就像是你在"照镜子"，不过是你站在镜子面前，而镜子里出现的人是领导而已。

明确方向：明确公司对自己的评价

对员工而言，申请升职加薪不论成功与否都有一个好处：领导在考量是否可以升职加薪的过程中，会明确地给出对你的真实评价。这对任何一个职场人来说，都是非常重要的。如果是正面评价，员工可以以此为基础继续努力；如果是负面评价，员工能知道自己申请升职加薪失败的关键因素在哪里，继而纠正它、优化它，变劣势为优势，为下一次升职加薪的申请做好更充分的准备。

注意节奏：争取提前结束"战斗"

任何事情的成功，都有计划来为它助力。就像公司在投标时，一定会在计划书内先规划好整个项目的周期一样，员工也要在计划好的时间内完成申请升职加薪这件事情。只有这样，才能争取在规定期限内提前结束"战斗"。员工在申请升职加薪时还有一个需要注意的地方：不论是提前结束"战斗"，还是适当控制时间，都不能让这件事情影响自己的正常工作。总而言之，当你一旦决定要去申请升职加薪，你就要为此做好明确的计划，争取能提前结束"战斗"。

保持耐心：至少争取一次升职加薪

大部分人在职场上，都更偏向于通过跳槽来让自己获得薪水的涨幅，以及职位的晋升。对忙碌的职场人来说，似乎这样的晋升方式更为便捷。但这类职场人忽略了另一种对职业生涯而言特别重要的晋升方式，那就是内部晋升。

> 比如说某家公司的 HR 在招聘的时候，遇到两个人应聘一个职位。这两位面试者，不论是学历还是工作年限都差不多。唯一不同的是，面试者 A 在之前的公司有过一次内部晋升的经历；而面试者 B 虽然上一份工作的职位和 A 一样，但这却是他通过不断跳槽才取得的结果。面对这种情况，HR 在衡量了之后，在两位面试者中果断地选择了 A。

你在一家公司有过一次内部晋升的经历，可能就会给你的职业生涯带来重大的影响，甚至可以给你带来一个新工作的机会。再反过来看，只要你能勇敢地走出申请升职加薪这一步，那么无论公司领导给出怎样的反馈，你至少都有了一次成功内部晋升的机会。

学会感恩：懂得经营信任

任何一个人在职场上都离不开公司的赋能。所以，我们更要拥有一颗感恩的心，在工作中学会感恩、学会经营信任。你对公司的信任度越高，你的生产效率才会得到提升，对公司来说就是节约了成本；对你来说，你在公司的存在价值也会得到最高体现。所以当你懂得如何去经营信任，也是你和公司实现真正意义上双赢的开始。

七个注意事项，看似是员工在申请升职加薪的过程中，要特别注意的一些行为，但实际上改变的是员工的认知体系。而这种认知体系，可以让员工站在不同的角度去分析到底什么是升职加薪。

比如说，站在公司的角度去思考，升职加薪是人力资源的再投入：公司选择给你升职，也是选择愿意继续在你身上进行资源和精力的投入；除了公司以外，你还能站在领导的角度来衡量，自己的升职加薪是不是团队管理层面一个新的站点。

最后，站在个人的角度来看，如果能成功地升职加薪，那就说明公司认可你的贡献。业绩相当于一块大"蛋糕"，以前没有升职的时候，那些"蛋糕"分不到你的手里；成功升职之后，你自然也能从中分走一块。所以，对员工个人而言，升职加薪也是绩效成果的再分配。

准备工作也好，走流程步骤也好，关心注意事项也好，升职加薪最核心的逻辑始终都是思维层面的转换。作为公司的一分子，不要总是把个人利益放在首位，没有一个领导，没有一个公司会喜欢这样的员工。凡事先谈贡献，再谈回报，这才是一个职场人应该具备的合理思维模式。

凡事先谈贡献，
再谈回报，
才是一个职场人
应该具备的
合理思维模式。

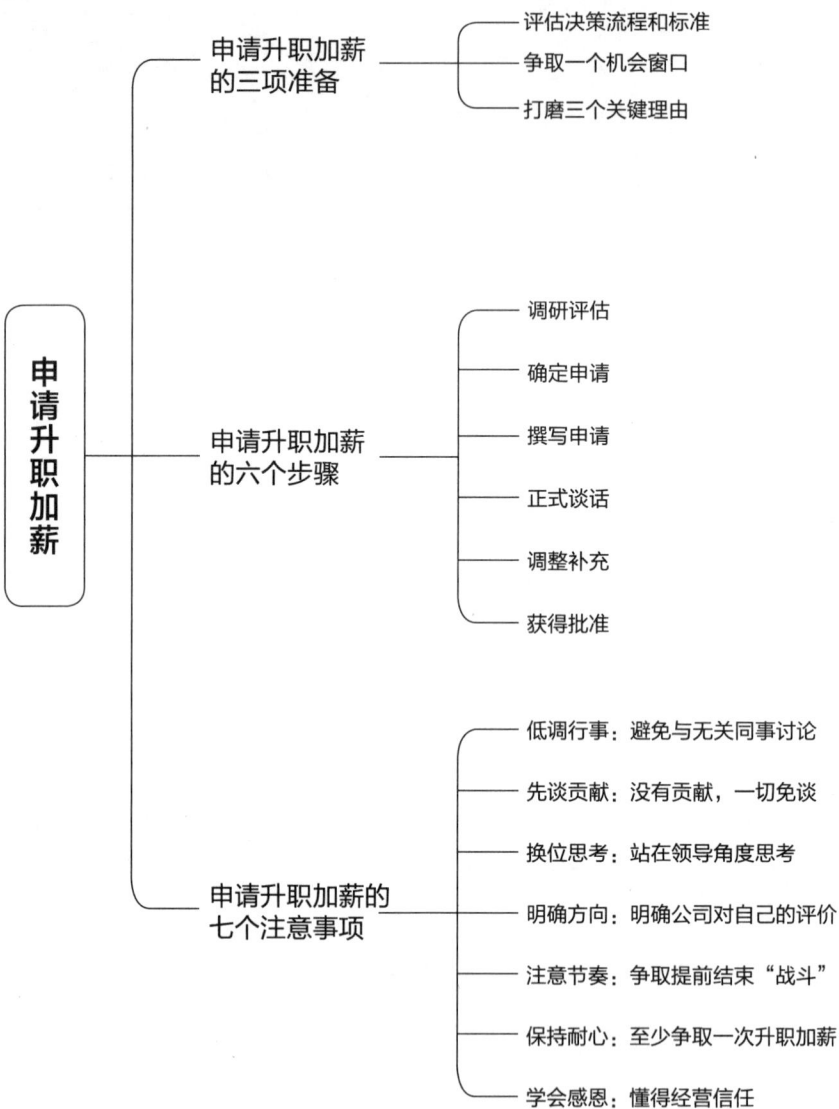

申请升职加薪

　　申请升职加薪
　　的三项准备
　　　　— 评估决策流程和标准
　　　　— 争取一个机会窗口
　　　　— 打磨三个关键理由

　　申请升职加薪
　　的六个步骤
　　　　— 调研评估
　　　　— 确定申请
　　　　— 撰写申请
　　　　— 正式谈话
　　　　— 调整补充
　　　　— 获得批准

　　申请升职加薪的
　　七个注意事项
　　　　— 低调行事：避免与无关同事讨论
　　　　— 先谈贡献：没有贡献，一切免谈
　　　　— 换位思考：站在领导角度思考
　　　　— 明确方向：明确公司对自己的评价
　　　　— 注意节奏：争取提前结束"战斗"
　　　　— 保持耐心：至少争取一次升职加薪
　　　　— 学会感恩：懂得经营信任

第五章

选择换工作时机

➤ ➤ ➤

"

　　想寻找到合适的跳槽时机，首先就要认清跳槽的本质。对职场人来说，跳槽不应该是因为在上一个工作中干得不好而选择被动离开，应该是为了主动寻找更好的职场资源，完成自己在职场中的持续增值。在准备跳槽之前，首先要弄清自己在五种绩效状态中所处的位置，从而在四种跳槽行为中选择一种，抓住某一个恰当的时机"起跳"，"跳出"一个更好的前途。

"

现有工作的五种绩效状态

你在工作中所处的位置，决定了下一步该往"哪里跳"，以及"怎么跳"。

绩效是成绩与成效的综合，在企业等组织中，通常用于评定员工的工作完成情况、职责履行程度和成长情况等。绩效分为个人绩效与团队绩效，无论是个人绩效贡献者还是团队绩效贡献者，只要工作一段时间都会经历五种绩效状态。

了解现有工作中的五种绩效状态，是为了让大家能够明确自己在工作中正处在一个怎样的阶段。只有充分了解自己现阶段的具体情况，才能去考虑要不要换一个新的工作，否则，盲目地跳槽只能浪费自己的时间，甚至错过提升能力的宝贵机会。

个人贡献者的五种绩效状态

如果按照绩效来划分，在职场中我们可以扮演两种角色，其中一个角色就是所谓的个人绩效贡献者。对职场人来说，如果想通过参考现在所处的绩效状态来判断出自己适不适合换工作，那就一定要搞清楚什么是个人绩效贡献者，以及个人绩效贡献者的五种绩效状态。

所谓个人绩效贡献者，就是通过个人努力工作，为企业创造个人价值的人。比如说，一个是种三亩地水果、年收入两万元的果农；一个是精通各种水果沙拉制作、年收入可达到十万元的厨师，都是典型的个人绩效贡献者。二者之间唯一的区别就在于，前者只会种水果，而后者却具备制作水果沙拉的技能，所以后者属于个人贡献者里的优秀贡献者。弄清了个人贡献者的含义，我们再来了解一下个人绩效贡献者的五种绩效状态——了解适应阶段、熟练操作阶段、稳定贡献阶段、突破业绩瓶颈阶段、提升转型阶段。为了让大家便于理解这五种业绩状态分别代表的含义，下面我来举一个简单的例子。

假设你之前一直在外打工，今年回家之后租了三亩地，开始种瓜。因为是第一次种瓜，所以这项工作对你来说还很陌生，很明显你还处于"了解适应"的绩效状态。在虚心请教别人的同时，你在不断地模仿邻居种瓜。两年之后，你终于可以独立种瓜了，这时便过渡到了"熟练操作"的绩效状态。再经过三年的努力，你的瓜种得越来越好，亩产也较过去大幅提升，这时便进入了"稳定贡献"的绩效状态，这一阶段会持续较长的时间。由于前两个阶段已经让你拥有了非常成熟的种瓜技术，产出的瓜在市场上需求量持续增加，然而，在三亩瓜田之内，再想提高瓜的产量却十分困难。很明显，你这时已经到了"业绩瓶颈"需要突破的状态；最后，如果你想取得更大的收益，就必须考虑如何打破现有的局面，获得进一步的提升，这时候就到了"提升转型"的绩效状态。

虽然果农的瓜越种越好，市场需求也越来越大，但始终没有变化的种植面积最终阻碍了果农的整体发展，使他不得不开始琢磨通过提升转型以获得更多盈利。像果农这种类型的人就是个人绩效贡献者，他种瓜的整个经历就是个人绩效贡献者五种绩效状态的生动体现。

个人绩效的五种状态，是一个普遍存在的现象，对果农来说是如此，对于身处一线的职场人来说也是如此。

比如说，你应聘加入了某学院。刚去的时候一直在了解工作流程，这个时候的你，就处于"了解适应"的绩效状态；在此后六个月内，你完成了 12 个教学班的授课任务，开始掌握工作流程，说明你已经到了"熟练操作"的绩效状态；之后，你已经能在一年内完成 30 个教学班的授课任务，并且完课升班率排在业绩的前三名，你开始进入"稳定贡献"的绩效状态；再往后一年内，你还是只能完成 30 个教学班的授课任务，完课升班率还是排在前三名，这个时候你就要注意了，你已经处于"业绩瓶颈"的绩效状态了；此时，你的业绩已经到了没有上升的空间，虽没有退步，但处于一线授课的你会感觉到无奈，十分希望自己能够进入到"提升转型"的突破阶段。

不论是果农还是职场人，只要扮演的是个人贡献者的角色，就会经历属于个人贡献者的五种绩效状态。在这个过程之中，明确自己当下所处的绩效状态对日后发展方向的选择十分重要。

比如说，虽然你在进入某学院的前两个月，并没有为该学院做出实际的贡献价值，但你一直都在培养自己的实际操作能力。所以，你可以为了更好地发展职业生涯而努力让自己朝稳定贡献的绩效状态前进。

对果农而言，同样的解决方法就是，不要让自己长时间停留在只能模仿或者是独立种瓜的适应、熟悉阶段，而应该让自己走到稳定贡献状态上去。如果已经到了稳定贡献以及业绩瓶颈的绩效状态，还要让自己有所突破去计划转型。

我们需要通过五种绩效状态，针对性地改善现阶段的工作情况，那么，每个绩效状态在实际工作中对应了哪些具体问题呢？

一、了解适应 = 岗位职责 + 胜任标准 + 领导风格

当你面对一个新的岗位，首先要做的就是了解自己的岗位职责。关于职责，你必须明白是由职与责构成的。但二者有何区别吗？

比如说，你的工作是写文章，这是你的职，而按照公司规定，你写出来的文章每周需要贡献 200 万的阅读量，这就是你的责。

了解了自己的岗位职责，还要弄清楚公司对这个岗位的定位与要求，你要做出怎样的业绩才能达到胜任标准。

最后，公司毕竟是由人创立与管理的，自然也就打上了决策领导者的烙印。进入一家公司，了解领导的行事与管理风格是必要的，有助于你获得领导的好感与信任，尽快适应工作岗位。

二、熟练操作 = 工作流程 + 关键方法 + 领导预期

了解适应了工作岗位之后，你接下来要做的就是熟练掌握岗位所需的操作技能。这个阶段，你要熟悉工作流程，掌握关键方法，并且还要知道领导的预期，你的工作只有达到了领导的预期，得到了认可，你才可以往更高阶段迈进。

三、稳定贡献 = 资源管理 + 成果管理 + 向上管理

你作为职场新人在进入一家新公司的前六个月，公司为了能把你培养出来，往往会投入大量的成本和心力。等你熟练掌握了岗位操作技能，就要开始为公司做贡献了，比如你要开始善于调配各种人力、物力资源展开工作。

只学会了资源管理是不够的，还要学会成果管理，所谓成果管理，就是你要知道怎么做有用，怎么做无用；什么事要多做，什么事要少做；一件事要做到什么程度才算达标。

向上管理的概念是由杰克·韦尔奇的助手罗塞娜·博得斯基提出的，指的是管理者如果需要上司手里的资源，就必须与上司进行良好的沟通，让上司放心地把自己的资源交给你，这是一个向上管理的过程。一般而言，如果你能持续稳定地为公司贡献业绩，也就意味着你的向上管理做得很好。

四、业绩瓶颈

就是在业绩上没有更大的突破，不断地原地踏步，重复"昨天的故事"，这时，职场人需要寻求突破以改变现状。

五、提升转型 = 转变工作方式 + 拓展能力边界

要实现提升转型，首先要改变工作方式。比如前面提到的果农，要想转型，就要想自己除了这三亩地，还有别的地可以种吗？在公司中陷入瓶颈状态的员工，要有从现在的状态中"跳出来"的勇气，主动向公司申请更高的目标，承担更大的责任。其次，还要拓展自己的能力边界。工作中陷入瓶颈期，往往是因为在一个岗位上待久了、待舒适了，因此要跳出舒适区，提升自己的能力，迎接更大的挑战。只

有这样你才能取得突破，获得晋升的可能。

团队贡献者的五种绩效状态

在职场中，除了个人绩效贡献者以外，另一个就是团队绩效贡献者。什么是团队绩效贡献者呢？

举个例子，我们现在知道像"黄牛"型果农和"猎豹"型厨师那样的人，是典型的个人绩效贡献者；而跟果农买菜，然后请厨师来做沙拉，自己开店的"狮子"店长，就属于团队绩效贡献者。

简而言之，团队绩效贡献者就是那种善于调配各种物力和人力资源为己所用，从而创造出更多更大效益与价值的人。下面我们来看看团队绩效贡献者要经历的绩效状态，其与个人绩效贡献者的绩效状态基本一致，都是要经历了解适应、熟练操作、稳定贡献、业绩瓶颈再到提升转型五个阶段。

比如说，当你跟着老板干了五年后，老板让你独立负责一家新门店。担任店长的你，初期的工作内容就是"了解适应"；在适应一年之后，你对门店的管理流程从初步掌握到能"熟练操作"，老板对你越来越放心；经营门店两年来，门店的业绩为公司的营收做出了"稳定贡献"，作为店长你也得到了老板相应的奖励。然而，虽然你有过去两年门店的出色业绩，但是你的职位仍然只是一名店长，并不能为公司创造更大业绩，此时，你就陷入了"业绩瓶颈"，而如果你想突破"业绩瓶颈"，就得想办法"提升转型"，就要考虑如何成为公司在大区的负责人，如何能管理更多的门店。

走到这一步，你要明白一点，管理一个门店与十个门店，对能力的要求是不一样的。简单来说，管理一个门店，你需要告诉员工干什么；而管理十个门店，你需要告诉老板怎样管理才能更出业绩。

作为团队绩效贡献者，在每一种绩效状态下具体又应该怎么做呢？下面我们结合一个案例来说明一下这个问题。

一、了解适应＝领导风格＋成员特点＋近期目标

上任之后，你的第一件事就是去了解自己到这里究竟要完成的目标是什么，然后去了解领导的为人处世和经营管理风格，并获悉领导对你近期的预期目标是多少。如果领导的预期目标是想让你带领团队在一年之内做到两千万，那么为了达到这个目标，你就要了解团队中各位员工的长处与短板。需要注意的是，不要一开始就急着对员工做出具体的安排，一定要合理有效地调配人力资源，尽可能使团队的战斗力最大化。

二、熟练操作＝制订计划＋优化流程＋上下级信任

在熟练操作阶段，也就是在上任后的六个月内，要让自己按照先前我们提到的管理五步法，制订好工作计划。为了使团队工作高效，一定要不断优化流程。为了达成目标，需要上下齐心协力，所以获得上司与下级的信任与支持十分重要，然后在这个阶段，培养与上级、下属之间的信任感。

三、稳定贡献＝计划明确＋流程高效＋成果稳定

为了尽快给公司创造效益，做出稳定贡献，达成领导的预期目标，你计划的每一个步骤一定都要很明确，工作流程应该是低阻碍、低消耗且流畅高效的。在团队的共同努力下，完成了一

开始领导对你的预期；紧接着，完成了两千万元的销售额，这样你的工作成果开始进入稳定状态。

四、业绩瓶颈

你花了一年时间达到了领导的预期，做出了两千万元的销售额，但紧接着，领导想让你在下一年内，完成两千五百万的销售额。结果你越做越吃力，并开始感觉到了压力，此时说明你进入业绩瓶颈期了。接下来该做的，就是要想方设法从业绩瓶颈中转换出来。

五、提升转型 = 转变工作方式 + 拓展能力边界

走出瓶颈期，不仅需要勇气，更需要转变思维，转变工作方式。此时你需要拓展自己的能力边界，必须深化学习，不断挑战、突破自己，提高自身能力。

为了把个人绩效贡献者或团队绩效贡献者的五种绩效状态说得更直观明白，请看下图：

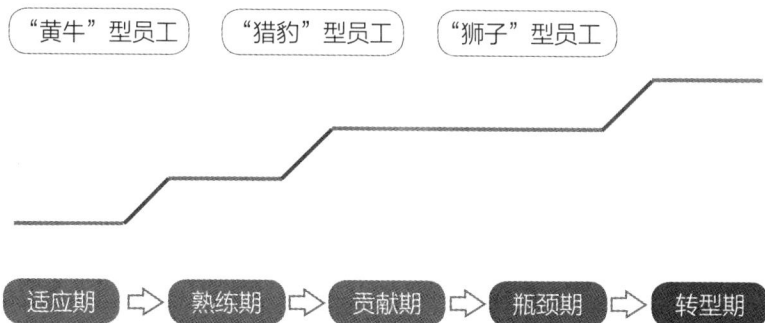

"黄牛"型员工　　"猎豹"型员工　　"狮子"型员工

适应期 ⇨ 熟练期 ⇨ 贡献期 ⇨ 瓶颈期 ⇨ 转型期

图 5-1 不同类型的职场人都要经历的五个阶段

职场上常见"黄牛"型、"猎豹"型和"狮子"型的人，比如前面提到的"黄牛"型果农、"猎豹"型厨师和"狮子"型店长，他们都会经历五种绩效状态，也就是上表中的五个阶段。从表中我们可以看到，这五个阶段整体上是呈梯形上升的，从适应期到熟练期再到稳定期都是"步步高升"的，而从稳定期到瓶颈期却是直线状态，而且持续时间最长。

这里展示了一个残酷的真相：你工作稳定了，能够拿到一份体面的薪水，干什么都驾轻就熟，公司也认为你是一个忠诚度高的好员工，但却不知你正陷入瓶颈期之中。所以，我要特别提醒大家：度过熟练期，就会进入瓶颈期。只要你开始稳定地为公司做贡献，如果不改变工作方式，很大概率后面会进入瓶颈期。

比如，你在某家公司的财务部干了十年，平时老板经常让你干一些零散的活，这就导致了你随时有很多临时的工作需要处理。所以，你每天都要忙着适应不同的工作，十年过去了，也还是一直停留在适应期的初级阶段。这种情况，就属于职业赛道出现了很大问题，如果你无法改变这种现状，或许就只剩下了两种选择——调岗或跳槽。

比起上面这种情况，更多人会在贡献期与瓶颈期长期停留。因为当度过熟练期之后，很多人就会产生一个误区：以为自己成功进入了贡献期，从此可以安稳顺利地开展工作了。的确，这时候已经进入了贡献期，但这是一个稳定贡献与业绩瓶颈并存的特殊时期。

正因如此，才会有人过了五年甚至十年的时间都是在做店长，因为他们就没想过自己还可以做大区的经理，甚至是公司的副总。所以，当一个员工在一个岗位上能够做出稳定贡献时，就要开始为自己的转

当你在
一个岗位上
能够做出
稳定贡献时，
就要开始
为自己的转型
做准备了。

型做准备了。

为了更好地转型提升，对个人绩效贡献者而言，在适应期要了解自己的需求，在熟练期要让自己的工作更熟练，在稳定期要通过个人努力做出更多贡献，在进入瓶颈期，则要通过专业技能提升来实现转型；而对团队绩效贡献者而言，在适应期要了解团队的需求，在熟练期要与团队成员工作更协调，在稳定期要通过和团队成员的齐心协力做出更多贡献，进入瓶颈期，则要通过提升管理领导力来实现转型。

跳槽的四种“技巧”

跳槽是一门艺术，掌握一些基本门道，才能“跳出”一个优美的姿势。

每个人的性格与在职场中所处的状况都不一样，所以跳槽的原因也各有不同。有的人容易冲动，想跳槽就直接“跳”；有的人嫌薪酬低，为高薪而选择了跳槽；有的人因为在现有的岗位上看不到晋升的机会，所以选择了跳槽；有的人是因为其他公司的薪资高、资源好、名头响，所以选择了跳槽。上面提到的四种人的跳槽理由，代表了换新工作的四种行为。

在换新工作这个问题上，除了要了解上面这四种跳槽行为，还需要考虑薪水、能力与价值感三个层次，与之相应的是三种人才：普通人才考虑薪水，核心人才考虑能力，领军人才考虑价值感。另外，决定跳槽前还必须问自己三个问题：我想要什么？我能做什么？我可以忍受什么？

"想跳就跳"

"想跳就跳"，是一种任性的表现，往往没有经过深思熟虑或充分准备。这类人选择跳槽的动机，是来自自己的心情，开心就留下，不高兴就离开。这类职场人根本没有考虑过，如果自己跳槽到另一个公司之后，能否提升能力与价值感。

大学刚毕业的小杨入职到一家新媒体公司当编辑，具体的工作内容是维护公司的公众号，一周更新五篇原创文章。由于刚入职场，小杨还不太善于处理与同事之间的人际关系，所以在与同事配合工作的时候总是会出现很多问题，导致每天工作的时候心情都很差。于是，小杨在这家新媒体公司工作了不到三个月就选择了跳槽。

在接下来的半年时间里，小杨也因为干得"不爽"换了三份工作，浪费了很多时间，个人能力提升缓慢，也没有产生职业带来的价值感。

由此可见，职场人"想跳就跳"有时候并不能解决最根本的问题，还是要根据具体的情况进行具体分析，如果是自己的问题，就从自己身上找原因并加以改正。职场人要想做到对自己的职业生涯负责，在考虑跳槽与否的时候应谨慎地做出选择，不能一味地由着性子来。

"给钱就跳"

大部分人在选择跳槽的时候，常抱有这样的心态，因为另一家公司给的薪水比这一家的高，现在不跳槽的话，以后也不知道还能不能遇到比这个更高的薪资待遇了，所以果断选择了跳槽。

A 和 B 从同一所大学毕业，同时进入某家互联网公司工作。工作一年后，A 发现另一家电商公司招聘他现在的岗位，给出的薪水比自家公司多出 10%，于是 A 果断选择了跳槽；但 B 发现自家公司有更好的资源能让他实现自我价值，于是选择继续留下。五年之后，两个人的境遇完全不一样：B 成了那家互联网公司重要项目的负责人，而 A 却仍在电商公司原来的岗位上原地踏步。

由此我们应该明白一个道理，跳槽不能仅仅盯着薪水，还应该看其能不能有助于自己的能力提升和价值感获得。那些眼里只看得见薪水的职场人，注定会被眼前的利益局限，困在普通岗位上。所以，要想成为公司的核心人才和领军人才，那就绝不能只关心薪水。

"不得不跳"

"不得不跳"通常有两种情况，一种是自己所工作的公司效益不好了，拿到手的薪酬缩水了，或者几个月发不出工资，而又急需钱用，这时你就"不得不跳"了；另一种是工作遇到了瓶颈，并且所在公司不能给自己提供转型的可能，于是渴求突破的你，碰到了一个机会，就会果断地选择跳了。对于后一种情况，我们来看下面这个例子：

小华在刚进入社会的时候没有高学历和工作经验，所以他选择进入某家服装厂当一名普通工人。在工作了四五年之后，他成了车间的小领导。在旁人看来，小华的工作比流水线上的工人清闲，但是工资却高出工人许多，因此小华被很多人羡慕。可只有小华自己知道，现在的工作环境看似安逸，实则充满危机。因为他没有学历，而且他这个岗位没有多少技术含量，因此具有非常强的可替代性。

不久，小华发现另一家服装厂在招聘一批基层管理人员。并且针对招聘新人，这家服装厂还提出了可培训到岗和管理转技术的两种职位选择。

如果错失这个好机会，小华认为以后他就没有机会提升自己了，将来自己会后悔的。所以，小华果断跳槽。

由此可见，职场上的很多人基于自身工作能力上的缺陷，当有更好的工作机会出现时，就不得不选择跳槽。

"越跳越好"

什么叫"越跳越好"呢？说的是这样一种人：他们每一次跳槽，都有明确的目标，能够借此获得更好的职业赛道，获得更优质的资源，不仅薪水增多，自身能力也得到提升，价值感也在提高，总之个人价值是持续增值的。这样的跳槽就叫"越跳越好"。跳槽像一门艺术，为了"跳出"一个优美的姿势，你必须了解其中的一些"门道"。

一、三个层次

针对以上这四种跳槽行为，我们现在知道要围绕薪水、能力和价值感这三个层次来考虑与权衡，它们是一级比一级更高的递增关系。

薪水增多是最基础的；能力提升是指你进入新公司后，个人能力可以发挥出来，工作效率也提高了。所谓价值感，是指你找到了人生的方向，这份工作能给你带来荣誉感，可实现你的个人价值。

虽然很多职场人在跳槽的时候有各种各样的理由，但是在选择跳槽的时候，并没有彻底弄明白跳槽对自己来说意味着什么。在我看来，正面的、积极的跳槽应该是在你的计划之内的，你一定是在拥有了明确的目标之后才可选择跳槽。

如果你准备跳槽，你的眼光一定要看得更远一些，而不是简单意义上的给自己换一个更喜欢的环境，得到一份更高的薪水。薪水之外，你一定要关注到能力与价值感这两个更高级别的问题。只有这样，你在加入一家公司之后，工作效率和处理工作的能力才会变强，整个人每天的工作状态才是蓬勃向上的。

二、三种人才

与上面三个层次相对应的是三种人才：普通人才需要薪水，核心人才需要能力，而领军人才需要的是价值感。只有真正的一流人才，去到一家公司才会把"在这家公司最能实现自我价值"这件事情放在首位，也只有拥有这样的抱负和格局，领导才会让他带领团队去攻占"山头"。

比如说，有一个人来我们公司面试主编的岗位，在整个面试的过程中，他反复强调的是自己的能力值多少薪水，而在自己的价值感这个层面上却十分模糊。对公司而言，如果一个主编每天都在讲自己的能力，关心的都是自己的薪水，而不是带领团队一起去创造更高的行业价值和工作价值，那么这样的人就不适合做管理岗的主编。

面试完这个人，我可以确定他会成为团队的核心骨干，但不会成为团队的领军人才。

由此可见，一个人在职场上是否拥有价值感，完全能影响到他整个的职业生涯。我们再看一个与上例相反的例子：

普通人需要薪水，
核心人才需要能力，
而领军人才，
需要的是价值感。

比如你的部门是职能部门，你发现职能部门很难做业绩，你也觉得要做出业绩很难，于是得过且过，没有突破改变的愿望，那么你就是一个普通人才；但当你产生了很强的愿望或使命感，决心让这个职能部门成为全公司有特殊贡献的部门，并且你有自己的一套改造方案，得到了大家的认可，那么你就成了领军人物，大家就都会听从你的指挥。

职场的逻辑就是这样，你在一个公司中，你的能力得到大家认可，你会显示出自身的更高价值，那么，就算公司没有给你任何任命，你也会在不知不觉中成为部门的领军人物。这就跟谁有价值，团队就会围绕着谁转是一个道理，而职场的一切，最终也都会围绕着人的价值转。

因此，你在跳槽的时候，需要关注薪水、能力和价值感三个层次的问题。你必须明白，你越关注薪水，那你未来跳槽的能力会越来越弱。但是当你关注价值感时，每天都会接到猎头打来的电话。所以，你不能本末倒置，不要关注果，而要关注因。因就是我做什么能带来这个果，我要成为一个有价值感的人，成为在这个方向上不断提升的、突破的人。

假设有这样四个人，第一位叫薛挺，是一名运营新媒体的普通员工，工作中领导不怎么管他，他自己的成长很慢。

第二位叫李亮，他在公司做了两年原创新媒体编辑，是公司骨干，他的目标是做主编，但是公司的这个职位一直没有空缺。

第三位叫赵燕，她在传统行业做了三年的新媒体主编，问题是现在的工作给不了她太大的成就感，节奏也很慢。

第四位叫杜飞，做了两年的新媒体总监，现在的他想去电商公司，挑战运营总监的岗位。

对于上面四个人的状况，我们一一来做个分析：

薛挺的问题是他自身的问题。因为他本身能力一般，想要突破就不能一味抱怨，必须改变自己的状态，虽不一定是要做领导，但是要有领导的思维方式。

李亮想做主编，想获得公司领导的认可，却没有太大的自信，这是典型的有能力没魄力职场之人。即便他的工作能力很强，但他的思维方式还是员工的思维方式。如果他的能力真的很强，那不妨自己单独开辟一个"第二战场"，告诉公司自己能出效益，李亮要是敢这么做，那公司一定会给他一个主编的职位。

做了三年新媒体主编的赵燕，她的问题明显就是赛道的问题。传统行业做得太久，没有挑战的工作内容自然不能给她在工作上创造成就感。所以，对她来说，只需要换另一个发展的赛道就可以了。

最后，杜飞想让自己从新媒体总监变身为电商的运营总监，就是想让自己从管理一个小的部门，跳槽之后能管理一个大的部门。而这种转变，其实是杜飞拥有价值感的体现。

显而易见，人的出发点决定了人在哪个层次。就像薛挺，他的思维方式就是普通人的思维方式，所以他在薪水、能力和价值感这三个层次里只能属于薪水层次；李亮的能力虽强，但是没有魄力开辟"新战场"，所以他只能成为公司的核心人才；赵燕和杜飞与前两位不同，他们在选择跳槽的时候，都是以自己的价值感作为抉择主导。

三、三个问题

除了上面三个层次之外，我们在职场上想要跳槽的时候，还需要反复思考三个问题：你跳槽到新公司想要做什么？你能给新公司创造什么？到了新公司你可以忍受什么？

比如说，你进了某些传统行业企业，那你就要让自己学会忍受。因为这种公司有它自己的一套规则，不管是明规则还是潜规则，只要你还在组织内，就不要与规则对抗。除了忍受规则以外，你还要能忍受挫折和控制情绪。在刚加入一个组织时，你跟别人都没有建立信任关系，如果想改掉组织内的原有规则，明显不符合现实。只有别人信任你了，你再提出修改规则，别人才会给你修改的机会。

所以，在跳槽之前，你要有一个心理准备，在入职的初期，你必须"夹着尾巴做人，有板有眼做事"，也就是说，除了知道自己想要什么和自己有什么能力之外，还必须学会忍受。

换工作的六种时机

如果抓不住稍纵即逝的时机，跳槽就很有可能让你摔得很惨。

真正有效的、漂亮的跳槽，并不是一件简单的事情。作为准备跳槽者，除了要弄清楚现有工作中自己处于哪种状态，学会跳槽技巧，知道跳槽的三个层次以及为此所要做的准备工作之外，还要善于把握跳槽的六种时机。

这其中有一点应该引起所有职场人的注意，那就是最好不要被动跳槽。跳槽时要想的应该是自己还缺什么，然后主动出击去寻找，这样才能更好地完成职业生涯或者是个人目标。

行业发展趋缓，竞争格局趋稳

时机，可以分为主观时机和客观时机。比如说，行业的发展趋缓完全是外在因素造成的，这就是客观时机。再比如说，当媒体不再像以前那样去格外关注某个行业时，表明这个行业的热度在下降，人们的需求度在降低，这个行业里的许多公司就会减缓发展速度，竞争格局趋稳，人才往外流失。

举个例子，互联网、智能手机以及新能源汽车等行业，就目前而言都还算发展得比较好的。可是对职场人士而言，就算你想跳槽进入的是发展比较好的智能手机公司，也要针对智能手机行业的发展趋势进行一下观察和思考，因为这有可能会影响到你在未来很长一段时间内的职业发展前景。

想换新工作的时候，除了要看行业的发展以外，还要看你现在任职的公司所处的行业竞争状况。就像现在的商业领域，有很多行业已经出现了头部公司越来越稳定的竞争格局。如果你身处这些越来越稳定的头部公司之中，那现在跳槽就是一个绝佳时机。因为这些头部公司只是越来越稳定，还没到完全稳定的地步，如果等到它们完全稳定再跳槽就晚了。因为如果行业完全稳定下来，晋升空间就会相应变小，机会也会趋于饱和，通俗来讲就是"一个萝卜一个坑"，如果"坑"已经被占得差不多了，你的机会就很少了。

公司发展与市场影响力处于巅峰

当你所处公司的发展和市场影响力都处于巅峰期，这个时候跳槽也是合适的时机。因为你的公司处在一个还在增长的程度，这时你的公司知名度是很高的，别人会想方设法从你的公司"挖"人，对你而言，这自然是你选择跳槽的绝佳时机。

前美国职业篮球运动员迈克尔·乔丹，在13年的职业生涯里，一共获得了6次NBA总冠军、5次美国职业篮球联赛最有价值球员奖，并带领球队获得了两个三连冠，最后在自己拿到最后一个三连冠的那一年，他选择了退役。

乔丹在自己最辉煌的时候宣布退役，虽然让球迷们很难受，但是他也因此在球迷们的心目中成为永远的胜利者，是完美的"篮球之神"。

同理，你在公司的发展与影响力处于巅峰时跳槽，那么你的身价自然很高。在跳槽时，你会拥有更多的主动权与发言权；相反，如果你在公司的下坡阶段选择跳槽的话，身价自然会往下跌——这时你跳槽就被动了，处于被挑选甚至是被嫌弃的境地。一般来说，公司处于巅峰时跳槽是最好的时机，不过，只要公司的发展处于上坡阶段，其间你选择的跳槽时机，也都是好时机。

直属领导能力一般，你也无心管理时

假设你在某家公司工作了三年，在这三年里你之所以没有选择跳槽，是因为你认可之前直属领导的管理方式，可是最近新上任了一个管理能力一般，对工作缺乏干劲的新领导，那对你而言只有两个选择：一是你自己去做管理；二是如果你无心做管理工作，那就只有选择跳槽。

张玮是一个工作能力特别强的员工，其直属领导也是一个雷厉风行、有经验的好领导。张玮在跟着领导做了好几年之后，学到了特别多的东西。最近，这位领导因为能力突出，被调去分公司当总经理，领导在走之前问张玮有没有做岗位领导的意愿，如果有的话，他就把张玮提拔起来接替他的岗位。但是张玮拒绝了，因为比起管理，张玮更喜欢在团队里充当前锋的角色。

谁知道新领导来了之后，原本对工作充满激情的张玮却完全看不到新领导对工作的热情，他觉得在这样的领导手下工作太难受了，于是便有了跳槽的想法。接下来，就在张玮犹豫的几个月里，他们的团队在新领导的带领下业绩出现了大幅下滑。张玮知道，这是新领导得过且过的管理态度造成的，所以他在咨询了原来的领导之后，毅然选择了跳槽。

如果说张玮在一开始清楚新领导的管理水平之后，就选择跳槽，那对他而言就是最好的时机。但是张玮犹豫了，继续待了好几个月才做出决定，这显然对他重新找工作是不利的。如果当初发现刚上任的直属领导管理能力一般和工作干劲不足，就立即换新工作，那时才是更好的时机。

业绩表现稳定，公司内部领先

当个人的业绩表现十分稳定时，就是一个属于主观性的跳槽时机。如果你在所处公司的内部，业绩在半年以上都处于领先水平，那你完全可以通过盘点过去半年的业绩，为跳槽写出一份漂亮的简历。

张胜荣从事销售已有两年时间，刚开始进入销售行业时，作为职场新人的他，销售业绩并不乐观。这个时候他想过跳槽，但是他知道以自己现在的业绩水平不论去哪家公司，跟现在的情况相比较都不会有太大的区别。于是他开始不断地向前辈学习，并且还在私下努力学习销售技能，终于在工作一年之后，他的业绩排名开始往前几名靠，并且有长达八个月的时间都保持在前三名之内。

这个时候的张胜荣，通过对自己过去八个月的业绩盘点，把自己在工作中的能力优势都写在了新的简历中，然后选择跳槽到另一家公司从事销售工作。而此时他的薪资待遇，也从原有3000元底薪变成了现在的10000元。

由此可见，在公司内部业绩领先的出色职场人，完全可以靠着盘点近期的稳定业绩来为自己写出一份漂亮的简历。这样一来，就能让自己接下来的每一次跳槽，都变成一次次增值自己的完美时机。

两年以上没有薪水、职级变动

如果你是职场新人，即便短期内没有任何变化也无所谓。因为你初入职场，需要做的就是学习，让自己尽快成长起来；但如果作为职场"老人"，薪水和职级在一家公司长期没有任何变动的话，你就要考虑采取一些措施来改变现状。

林学友入职公司四年来，岗位没有发生过任何变化，一直是基层岗，而且薪水和四年前相比也没有任何涨幅。在最近一次发薪水之后，他发现其他公司和他相同岗位的人，工资普遍比他高出30%。于是林学友开始主动找领导，希望在薪水方面有所变动。但是领导的回答有些含糊其词，林学友在争取无果之后选择了跳槽。林学友在刚入职新公司的时候，薪水较之前公司涨了20%。入职新公司一年之后，因为工作能力突出，新公司又给他提薪了 20%。

从上面这个案例中可以看出，如果你已经具备了一定的工作能力，但是在公司却一直没能得到加薪或是职级的提升，而且在主动争取之后也没有获得任何有效反馈，就完全可以考虑跳槽到一家新公司去了。

团队业绩稳定，熟悉日常管理

对某个行业来说，管理岗位的通用性非常强。所以，如果你本身已经走上了熟悉日常管理的管理岗，并且带领着团队做出过稳定的业绩，就说明你可以胜任大多数的管理岗位，而这时候对你来说就是比较好的跳槽时机。

十年前就从事管理岗的盖瑞，有着不同行业管理岗的丰富经验。三年前，他轻松跳槽进入一家全球 500 强的公司，现在又有另外一家全球化的大公司向他投来了管理岗的橄榄枝。

和盖瑞一样的许松也在管理岗任职多年，但是他在跳槽的时候遇到了一个问题，就是他想跳槽进入另一家跨行业的公司做管理岗，却在应聘时被刷下来了。对方给出的拒绝理由是他们公司的管理岗和许松以前的不一样，新公司的管理岗比较依赖他们公司自身开展业务，所以他们需要能填补岗位的最佳人选，即一个在本行业领域成熟的从业者，而许松是跨行业跳槽，对于他们公司的业务并不熟悉，所以他们只能表示很遗憾地拒绝了他。

上面案例中的盖瑞之所以能够轻松跳槽，而且跳得非常成功，主要是因为他的管理水平达到了一个行业内顶尖的层级。但是，如果你的管理水平还没有达到这个层级，主要还是依赖自身业务的话，那么就要慎重考虑，这时候或许并不是最好的跳槽时机。

总之，无论是留在原公司还是选择跳槽，大家都要懂得一个道理：跳槽不是为了换份工作，而是为了寻找职场资源，完成下一步的个人目标。所以，你需要明确自己的目标，并且设置最低目标、满意目标和惊喜目标。

举个例子，想跳槽的大雄这样给自己设置了三个目标。第一个，最低目标：新公司同意让自己至少带一个人，哪怕是实习生也行，并且自己可以招聘；第二个，满意目标：跳槽到新公司，晋升为小组负责人，薪水上涨 20%，至于其他待遇，可以视自己以后的工作表现决定；第三个，惊喜目标：晋升为小组负责人，不仅明确岗位为主管级，而且薪水上涨 20%，另外还可以拿团队奖金。

树立目标才有前进的方向和动力。当然，目标确立之后，在真正跳槽之前，你还要问自己三个问题：为了完成这个小目标，最需要获得哪些资源？这些资源一定要靠跳槽才能获得吗？如果这些职场资源必须通过跳槽才能获得，那你可以考虑跳槽。但是，如果你只需要在原公司的基础上转变一下工作方式，或者拓展一下自己的能力边界来提高自己的价值，就可以获得想要的职场资源，从而实现个人目标，那么就完全没有必要为了薪水而选择跳槽。

跳槽不是
为了换份工作，
而是为了
寻找职场资源，
完成下一步的
个人目标。

选
择
换
工
作
时
机
├─ 现有工作的
│   五种绩效状态
│   ├─ 个人贡献者的
│   │   五种绩效状态
│   │   ├─ 了解适应 = 岗位职责 + 胜任标准 + 领导风格
│   │   ├─ 熟练操作 = 工作流程 + 关键方法 + 领导预期
│   │   ├─ 稳定贡献 = 资源管理 + 成果管理 + 向上管理
│   │   ├─ 业绩瓶颈
│   │   └─ 提升转型 = 转变工作方式 + 拓展能力边界
│   └─ 团队贡献者的
│   五种绩效状态
│   ├─ 了解适应 = 领导风格 + 成员特点 + 近期目标
│   ├─ 熟练操作 = 制订计划 + 优化流理 + 上下级信任
│   ├─ 稳定贡献 = 计划明确 + 流程高效 + 成果稳定
│   ├─ 业绩瓶颈
│   └─ 提升转型 = 转变工作方式 + 拓展能力边界
│
├─ 跳槽的四种
│   "技巧"
│   ├─ "想跳就跳"
│   ├─ "给钱就跳"
│   ├─ "不得不跳"
│   └─ "越跳越好"
│   ├─ 三个层次
│   ├─ 三种人才
│   └─ 三个问题
│
└─ 换工作的
    六种时机
    ├─ 行业发展趋缓，竞争格局趋稳
    ├─ 公司发展与市场影响力处于巅峰
    ├─ 直属领导能力一般，你也无心管理时
    ├─ 业绩表现稳定，公司内部领先
    ├─ 两年以上没有薪水、职级变动
    └─ 团队业绩稳定，熟悉日常管理

第六章

评估新工作前景

▶ ▶ ▶

"

跳槽之后，你将面临一份新工作，可是你知道如何判断一份新工作是否"靠谱"吗？相信很多人都没有想清楚这个问题，甚至很多人的认知与判断都是错误的。其实，判断一份工作的好坏有两个标准，或者说一份好工作要满足两个前提：第一，是否可以满足个人目标；第二，是否能够发挥个人优势。

"

好工作的两个前提

对职场人而言，一份好工作要满足两个前提：第一能满足你的阶段目标；第二能发挥出你的优势和长处。

说到好工作，相信许多人的第一反应就是工资高、待遇好。这样想问题有些简单，因为它忽视了好工作的本质。那么好工作的本质是什么呢？简单地说就是能让自己持续增值。显然，这个持续增值就不是工资高、待遇好能涵盖得了的，它至少还包括了个人价值的实现。所以，一份能让自己持续增值的工作，一定是能够给自己提供丰富的资源，使自身的优势和长处能够最大限度地发挥出来，从而实现自己的某个阶段目标。

能满足你的阶段目标

我们每个人对于自己的人生都应该有所规划，制定在人生各个阶段的不同阶段目标，目标的本质是一种评价体系。对职场人来说，你选择去做一份工作，就意味着，你将在这个岗位上付出自己的时间。这份工作能否满足你对这段时间规划的阶段目标，是你选择工作的关键。

好工作的本质，

就是能让自己

持续增值。

　　所以，明确自己在现阶段需要完成的具体的阶段目标，对职场人来说尤为重要。职场人在给每一个阶段定目标时，最好是能聚焦到一个特别重要的目标上。因为不管是 A 目标、B 目标还是 C 目标，都不能想着三个目标一起完成，因为鱼与熊掌不可兼得。

　　比如说，你有很多关于生活方面的目标，像买车、买房，都在你的考虑范围之内。但是为了能更好地完成现阶段的生活目标，你就只能先让自己从众多目标中选出一个最为重要的。假设你现阶段最重要的生活目标是养活家人，那你就要计划出自己一个月需要赚多少工资，才能实现这个目标。不管你其他的目标是什么，先实现这个目标才是你最应该考虑的事情。

　　除了生活目标以外，你同样还可以设置现阶段的工作目标：不论是晋升做店长，转行做电商，还是计划拿更高的薪酬等，这些都可以成为你近期的工作目标。

　　或者说你想转行，那你给自己设置阶段目标，可以是进入一个有发展前景的行业。并在此基础上，进入一个好的团队，如果这样，就可以说完全超出了你阶段目标的预期。

　　不过这时的你，如果想要井然有序地实现工作阶段目标，就不能要求把所有的工作目标一并完成。就像我刚才提到的，如果不能把精力聚焦到一个最重要的目标上来，就不容易完成阶段目标。

　　除了上面提到的生活目标与工作目标以外，你还可以制定成长目标，比如将要学习哪些方面的技能，或者是要提高哪些方面的能力。当然，也可以制定其他一些目标，比如跑完一次全马、去西藏自驾游、读 10 本书等。

我们可以为指定的阶段性目标设定一个时间，这样有助于我们在选择工作的时候更加明确自己的方向。也可以在工作过程中，不断审视自己阶段目标的进行情况，以不断更新自己对工作价值的界定。

在实际工作中，我们应该为自己的阶段目标绘制一张表格（如表6-1 所示），这样有助于更直观地审视所制定的阶段目标。

表 6-1　阶段目标案例模板

阶段	时间期限	生活目标	工作目标	成长目标	其他目标
短期	半年				
	一年				
中长期	三年				
	五年				
	十年以后				

我之前在一次面试的时候，向一位面试者提出过这样一个问题："未来你有带团队的想法吗？"他的回答是："我对带团队没有什么特别要求。如果要我带团队的话也可以，我可以先带几个人。"听完他的回答，我明白他并不想成为一个更高级的管理者，或者是他在之前就没想过要成为高级管理者。

这也在情理之中，毕竟我们大多数人的职业生涯里，并没有人来鼓励你以后一定要做到高级管理者的岗位。也正是因为这样，才会有很多本来有做高级管理潜质的人被耽误了。

在完成阶段目标的过程中，你首先要做到的就是坚定自己的目标。因为如果你对自己的目标不坚定，那之后就会出现一系列的多米诺骨牌效应，你会连带着对自我评价都出现摇摆的情况，最终会在实现阶段目标的过程中半途而废。

在制定阶段目标时，我们还要记住，**生活目标是能驱动工作目标、成长目标和其他目标的**。我们在生活上可以简单，但不意味着可以随便。在生活上懂得珍惜，在工作上才会找到更多的意义。

每天为了工作奔波的职场人，在下班之后，看着满屋狼藉的房间，也没有任何心情收拾自己。如果你在生活上一直都是这种无所谓的态度，那么你在工作的完成上也不可能太好。在我们有限的生命里，工作的年限很长，我们想要在长达好几十年的工作时光中好好与工作相处，通过工作来实现自己的人生目标和理想，就要懂得在工作之外的时间里放松自己。

在难得能休息的周末时光里，你可以稍微停下忙碌的脚步，好好吃一餐，认真看一本书，或者是全身心花上几个小时为自己的宠物猫安装一个猫爬架，等等，你可以选择任何能让你放松、愉悦的方式，让自己回到生活中去寻找到真实的自己。这种生活中简单却不随便的一件小事，不仅能让你找到一个好的状态，还能让你认可自己，感受到自己的价值。

由此可见，我们工作的最终目的是生活。既然是为了生活，那么我们工作的时候，就一定要让自己充满热情地工作。当然，不要认为生命的全部就是工作，在工作和生活之间，要学会平衡。

在现实生活中，我们经常会将工作目标和生活目标放到一起

考虑，两者之间的侧重需要我们针对自身情况做出选择（如图 6-1
所示。）

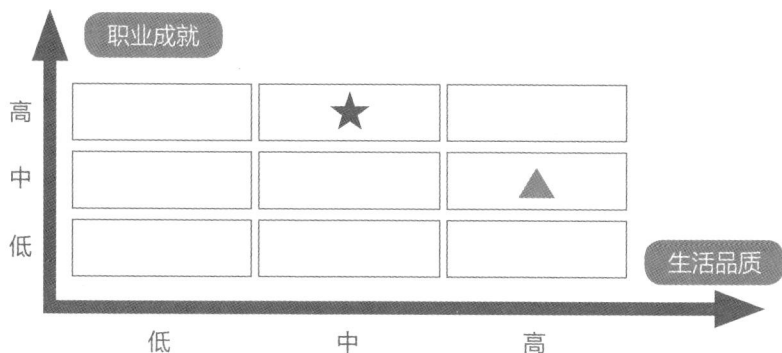

图 6-1 工作和生活的侧重选择

以我自己为例，星星形状代表的是我自己的选择，我希望
自己的生活品质是在中等状态，但是我对自己的职业成就要求
很高；三角形状代表我对员工的期望，我希望他们的生活能在
一个高品质的状态上，至于工作成就中等就好了。

对很多创业者，或者是公司员工来说，他们的职业成就往
往是在中等状态，但是他们对生活的品质要求却很低，因为他
们的生活重心都扑在了工作上，对生活本身并没有太多要求和
想法。

所以，你是追求更高的职业成就，还是想得到更高的生活品质，
需要倾听自己内心的声音。当你明确了自己的目标后，也就方便了你
在选择一份新工作时，不会只想着薪资待遇之类的问题，而是要知道
须进行整体的思考，即这份新工作给出的薪水和岗位与自己当下的生
活有什么关系。

现在，我们在知道了如何为自己设置阶段目标之后，接下来要思考的问题，就是你通过这份新工作真正想要去实现的是什么。就好比你在换新工作的时候，如果想要的是薪水稳定，那你就不能去创业公司，因为创业公司具有一定的风险性。如果把这种稳定心理带到具体岗位上的话，那你连销售员也不能做了。因为销售员是靠拿提成来获取收入，可销售提成很容易出现每个月工资都不一样的情况，有可能你这个月很高，下个月却很低。由此可见，实现自己的阶段目标，本质上需要解决三个问题：你的阶段目标是什么？实现这个目标需要哪些资源？这份工作是否能让你获得更多资源？

不管是找到一个好师傅，进入一个新兴行业，还是能加入某领域内的一流团队里等，你都可以把这些愿望设置成自己的阶段目标（如图 6-2 所示）。

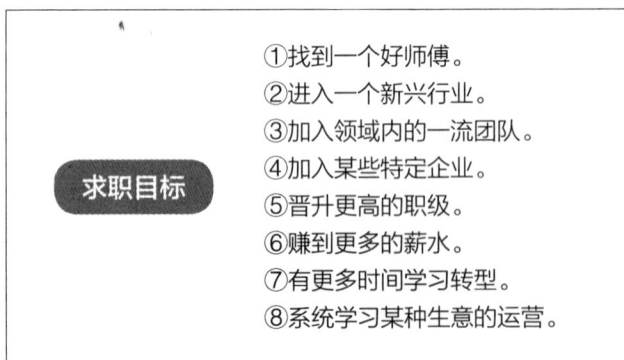

求职目标
①找到一个好师傅。
②进入一个新兴行业。
③加入领域内的一流团队。
④加入某些特定企业。
⑤晋升更高的职级。
⑥赚到更多的薪水。
⑦有更多时间学习转型。
⑧系统学习某种生意的运营。

图 6-2 多样化的求职目标

比如说，你进入了互联网行业，虽然这是一个新兴行业，但你加入的这家公司在过去并没有成功的经验，不是领域内的一流团队。这个时候，你就要问自己在进入互联网行业的时候，你的求职目标是什么：你想要的究竟是进入一个新兴行业，还是更偏向于加入领域内的一流行业。

如果你更偏向的是加入一个一流团队，那你在设置好这个目标之后就要让自己知道，你在进入这家公司之后，怎样做才能让自己获得进入一流团队的机会；而你进入的这家公司，是否又能让你取得更大成就。所以，你在选择新工作的时候，一定要想到你所选择的新工作是否能满足这三个条件。

每个人可以有很多求职目标，但是要符合你当下这个阶段的求职目标，才是对你来说最重要的求职目标。

能发挥出你的优势和长处

好工作的两大前提，除了刚才我们所说的能满足自己的阶段目标以外，还有一个就是这份工作能发挥出你的优势和长处。特别是进入职场以后，如果你能在工作中充分发挥自己的优势和长处，对个人和公司来说都是双赢。因为不管是从你个人看还是从公司看，只要你能更高效地完成工作，那一定就是双赢的结果。职场人的优势和长处，主要是由性格品质、经验成果、专业能力和其他优势等几个方面组成。

如果让一个写作能力特别强但是性格内敛的人去销售部门，就不能完全发挥出他的优势和长处，但是如果把他放在公司的编辑部门，那他就能发挥出优势和长处。同样，如果是一个积极主动、精力充沛、敢于承担风险的人，那他在公司就属于特别适合去开拓业务的部门。

你的优势和长处，往往就是你找到新工作的最主要原因。

就像我在为某学院面试迎新老师时，我就十分看重应聘者身上的一个长处，那就是说话是否有重点。因为老师的具体工作就是给学员打电话，先跟对方确认已被录取，然后再确定上课时间。如果对方正在忙着，没有多少时间听你说，这时候就需要老师能在短时间内干净利落地把重点内容跟对方说清楚。这是老师最该具备的优势和长处。

每个人的优势和长处不同，但有时候，认清自己比较难，相反旁观者清。所以，如果你并不清楚自己具体有哪些优势和长处，那你完全可以咨询你的直属领导和同事。因为他们通过你在实际工作中，面对不同工作内容时的具体表现，就可以知道你的优势和长处是什么。

然而，每个人的工作能力与经验毕竟是有限的，而工作是五花八门的，有时候你找到的工作跟你的专业是不对口的，这并不表示你就不能胜任这个工作，因为许多工作所需的能力是共通的，这时候就需要你具有可迁移能力。

比如说，你是一名记者，去过很多医院，采访过很多医生，对医疗行业可以说已经到了了如指掌的地步，那这时候的你，在未来就可以转型成为医疗行业的投资经理。因为你已经接触医疗行业很多年，不仅拥有了解一个机构的能力、收集信息的能力，还拥有提炼信息、归类信息的能力。

从表面上看，你所具备的只是做记者的能力，但其实你在做记者的过程中已经积累了很多能做投资经理的能力，这种底层、通用的能力，就是你的可迁移能力。

所以，我们在实际的工作中，不要忽略自己日常积累的隐藏能力。因为这些隐藏能力，往往还可以用在我们下一份的工作中。

好了，我们现在来做一个小结，本节内容我们讲了好工作的两个前提：能满足自己的阶段目标和能发挥自己的优势和长处。如果应聘的新工作能满足你这两方面的要求，那自然就完美了。然而，现实中很多时候并不能找到两个前提兼具的好工作，如果只具备一个前提，我们该如何选择呢？请看下图：

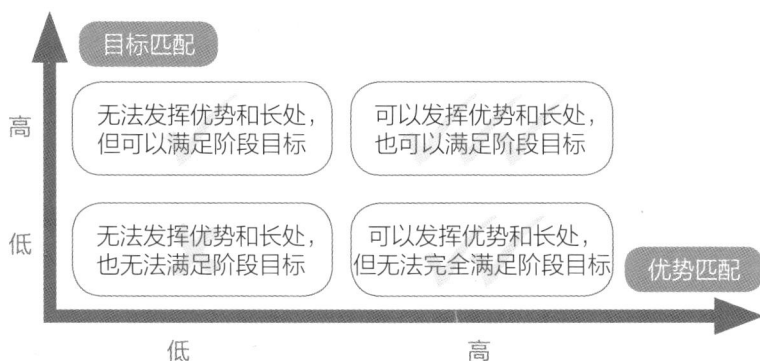

图6-3 目标与优势匹配图

应聘新工作时，如果你遇到的情况是无法发挥自身的优势和长处，但是可以满足自己的阶段目标，对于这样的工作，你要慎重。因为它不能发挥你所长，你也很难达成目标。如果你遇到的是相反的情况，那么可以考虑入职，因为你能在工作中发挥出自身的特长，能为公司创造更多价值，你也能获得极大的成就感。到这时，你再向公司提出你的阶段目标，只要不是特别高，公司答应升职加薪的概率是很大的，因为公司看到了你的价值。

判断不同类型的工作机会

职场里的我们，在面对出现在自己身边、可以选择新工作的机会时，要学会从不同角度去判断这份新工作是不是一份好工作。

我们在求职的时候，会有很多工作机会出现在我们面前，但是在不同类型的机会面前，我们常常会有一点不知所措。这种不知所措，其实源于我们不知道如何对这些新工作进行选择。

这就导致了很多职场人在还没有彻底弄明白之前，就会被薪资待遇牵着走。其实要判断面前的工作是不是适合自己的机会，除了薪资待遇以外，还有很多更重要的因素。比如说，你的直属领导是一个怎样的人，是否值得你跟随；公司是否值得你加入；岗位是否有前途；等等，这些都成为你判断工作是否适合于你的参考。

直属领导是否值得跟随

我们的直属领导对我们而言，有时比公司还要重要。因为不论是职场"小白"还是经验"老手"，直属领导往往是最能影响你的发展方向和发展进度的人。所以从某种程度来看，你选择进入一家公司工作以实现你的阶段目标，从本质上来说是跟着直属领导干而不是跟着公司干。

那么职场人士，又该如何判断直属领导是否值得自己跟随呢？我们可以依据以下五个标准来进行判定。

一、每个阶段，是否为你安排明确的工作目标

我们在进入职场之后，会慢慢地从一个什么都不懂的新人，一步步变成对工作熟练的老员工。在这个过程中，我们在不同阶段所要工作的内容都不一样。如果你的直属领导不会在你工作的每个阶段给你指定相应的任务，让你在工作中感到自己有所提升，那么说明两点：第一，你的直属领导自身的日常管理混乱，或者是公司现在没有一套完整的正常运营体系；第二，你的直属领导对你缺乏应有的认知或信任，没有把你的工作潜能发挥出来。

在这样的直属领导下干事会极大地限制你在公司的发展。所以，你的直属领导是否给你安排明确的工作目标，在实际工作中是你判定这个领导是否值得你去跟随的重要标准。

二、对你的实际成果，是否有严格的标准

在职场中，你刚到一家公司，可能对自己做的工作所要达到什么标准还不太清楚，而你的直属领导作为老员工，应该为你的工作成果制定一个较为严格的标准，为你的工作提供方向，这也是你日后在工作中学习发展的方向，对你早日胜任这份工作会很有帮助。

而如果你的直属领导对你工作的实际成果没有制定严格的标准，那么，只会徒增你的理解成本、试错成本。

三、在日常工作安排中，是否有优先级和主次划分

我们可以假设一下，如果在实际工作中，你的直属领导把 A、B、C 三项工作同时交给你，但并没有告诉你这三项工作你应该先做哪一个，那么你是否会陷入一种茫然的状态？事实上，由于工作任务繁重，你的直属领导很有可能会把很多任务一并交给你，但如果能够直接给你划分出主次，表明 A、B、C 的优先顺序，你自然就可以为自己做一份清晰的工作时间表，有条理地去完成工作任务。反之，自己要做出优先级计划表。

所以，喜欢给职场人士安排工作的领导是合格的，不太合格的是经常给你一堆工作却不跟你进行主次梳理的领导。

四、是否重视业绩，部门过去的业绩增长水平如何

对公司来说，业绩的增长永远是最重要的。所以一个好的直属领

导，他在管理的过程中一定会重视每一个下属的业绩。如果你的直属领导不关注你在业绩方面是否有提升，那只能说明这个直属领导的管理能力太薄弱。

所以，你在选择工作的时候，一定要通过咨询人力资源工作者或者面试官来了解部门的业绩增长水平。如果你将要入职的部门业绩增长的水平一直不高，那你就要做好直属领导会对你高要求的心理准备。

五、是否有明显的分享精神，尤其是成就下属

你在进入一家企业工作的时候，要想找到你值得跟随的直属领导，还要看你的直属领导是否具有分享精神。有这样两个问题，你在一开始就可以直接问：一个是，我在工作中遇到了一些困难自己解决不了，您是否愿意帮助我想办法？另一个是，在我们团队中，过去做得比较好的员工，您一般是怎么鼓励或奖励的？总之，一个喜欢分享经验、成就下属的领导，不但可以助力员工的成长，尽早实现员工的阶段目标，而且，也间接证明了他有较为成熟的领导及管理才能，是值得员工追随的。

以上五个标准，你的直属领导若至少能占两条，那这样的领导就值得你跟随；若是一条不占，那你就要离开，否则，你就是在消耗自己的时间。

这家公司是否值得加入

判断工作机会好坏与否，除了要看直属领导是否值得跟随以外，还要看提供给你工作机会的这家公司是一个什么样的公司。当你围绕这个公司来进行判断时，同样可以从五个方面入手：

一、该公司所处的行业，未来三年的发展趋势如何

想知道这家公司是否值得加入，可以去看这家公司所处的行业在未来的三年发展如何。有两种获取资讯的方式：第一种，利用网络搜索专业人士发布的分享；第二种，直接咨询公司领导。

如果公司的领导在这个问题上没有明确的回答，那我们就可以假设，这家公司的领导对这个行业发展的趋势缺乏判断能力，如果是真的，那这个公司的发展前景自然也堪忧。

二、该公司的主要同行有哪些，同行怎么评价

别人对这家公司的评价，也可以作为你判断它是否值得自己加入的依据之一。因为对任何一家公司来说，同行的评论都具有一定的专业性，借鉴价值更高。所以，你完全可以根据这家公司所从事的行业，去找到它在这个行业里的主要同行都有哪些，然后看看同行对该公司的评价如何。

除此之外，你还可以在求职的过程中直接向领导提出问题：我们公司在同行眼里，是一家什么样的公司？或者是，我们公司和其他公司有什么不一样的地方？通过领导转述的评价，你可以在心里做出相应的判断。

三、该公司的主要收入来自哪些客户，客户的口碑如何

虽然客户不分高低，但是分大小。如果你求职的这家新公司，其主要收入的来源是业内都熟知的大客户，那就说明这家公司具有一定的发展前景。特别是在公司重点服务过的大客户口中，这家公司给他们的印象如何，为什么会选择这家公司，这些都能成为你判断这家公

司是否值得加入的依据。

如果公司服务的不是业内的大客户，那与之相对应客户的口碑同样也可以成为你判断的依据。

四、该公司的营收"打法"，足够高效和可持续吗

如果一家公司的营收"打法"，不仅能让它在短时间内实现高效赢利，还具有可持续赢利发展性，那就说明这家公司能同时满足以上这两点要求。这样的公司给你入职机会时，你就要抓住。反之，这家公司根本不挣钱，或者是没有一个较为长远的规划，那你自然不用考虑。

五、该公司的中层干部稳定吗，是否重视内部人才培养

任何一家公司，都应该特别重视中层干部。因为中层干部连接公司的高层和基层，如果高层传达了某个工作指令，而中层不认真，不能有效传达的话，那么基层员工就没办法执行命令。

所以，如果这家公司的中层干部特别稳定，那就说明这家公司有一套自己的成熟管理体系。除此之外，如果它还特别重视对内部人才的培养，那你以后在岗位晋升方面就有很大的发展空间。

以上所说的公司的五个评判标准，对于我们判断新工作的好坏十分重要，即便你不想加入新的公司，以上这五条同样可以用来审视你现在工作的公司。通过对比这五条标准，你就可知道现在已经入职的这家公司怎样了。

哪些岗位更有前途

整个社会的大环境都在不断地变化，陆陆续续会出现许多不同类

型的热门行业。因为这些热门行业的需求问题，又会出现许多热门的岗位。但是对职场人来说，热门的岗位并不等同于有前途的岗位，如何判定一个岗位更有前途，应该用五种标准加以界定。

一、原则上，人越多的岗位，越有发展前途

我之所以会说人越多的岗位，越有发展前途，是因为在一家公司里，如果某个部门是全公司部门之中人最多的，那公司一定会为这个部门投入更多的资源，同时还会在岗位管理上建立更清晰的组织结构。

部门员工数量多，公司对该部门所负责的工作也会十分重视，并且会加大管理力度；而只有做到加大管理力度，才能让人数最多的部门更注重效率，不致出现人一多工作就乱的情况。

二、原则上，离客户越近的岗位，越有发展前途

首先，我们都知道客户对公司来说意味着什么。简而言之，公司靠客户才能实现赢利。客户是公司产生一切经济效益的最大前提。假设，一家生产快消品的公司，没有客户购买它生产出来的产品，那这家公司就不能实现赢利，会面临倒闭的风险。

所以，当你入职一家公司，所处的岗位离客户越近，那你接触到的客户资源自然就会越多，而且这种资源的不断累积，能助你不断实现业绩成果；而你在这个岗位待的时间越久，你所产生的成果级别就会越来越高。

三、原则上，流程越容易复制的岗位，越有发展前途

如果一家公司为某些岗位制定好了一套标准流程，那么当你进入这个岗位后，很快就能对岗位的工作内容"上手"，容易干出业绩，

自然就更有发展前途。

一家公司如果对自己业务方面的东西都不够了解，招来了新员工，却告诉不了新员工应该怎么做事，那新员工又何谈发展前途呢？所以，岗位越容易复制，就意味着这家公司对这个岗位的标准流程越清晰，而透过标准流程也可以看出这家公司在管理上的严格标准。

四、原则上，业绩考核越严格的岗位，越有发展前途

若该岗位在业绩方面考核十分严格，则说明公司对这个岗位员工的业绩，有一个明确的标准。当你进入这家公司的时候，既定的标准就会推着你往目标业绩上走，你会为了完成这个目标尽自己的全力去做这项工作，促进你自身的发展。

五、可以通过直属领导的升迁变化，了解岗位的升迁机会

在职场上，任何人都想获得岗位晋升的机会。关于这一点，其实可以通过观察你的直属领导的升迁变化来了解，如果你的直属领导被升迁，与你一起工作的优秀同事晋升成为你新的直属领导，那就表明这个岗位是有前途的。如果说你在岗位上干了很多年，直属领导都没有晋升，那只能说明这个岗位本身不具备升迁机会，或者是你的直属领导没有升迁的能力，这样的岗位多少会限制你的发展。

一定要去大城市吗

很多职场人在选择工作的时候，都会特别看重工作单位是否在一线城市之类的大城市。因为在他们的潜意识里，大城市的发展更好，机会和薪资待遇更高。但在我看来，选择工作单位的重点并不在于大城市本身，而是在于你通过大城市能够得到什么。

一、比大城市更重要的是产业型城市

对职场人士而言，应该将城市分为产业型城市和平台型城市。所谓产业型城市，就是同类人才和同类产业聚集特别多的城市；而平台型城市，就是相对在医疗和教育等基础设施比较好的城市，如果你上有老下有小，平台型城市就是你可以重点考虑的。

我之所以认为选择产业型城市比选择大城市更重要，是因为大城市的概念十分模糊。一个人想工作，一定是有具体的要求和目标，所以到了大城市的话很可能会像无头苍蝇一样，不知道从哪里下手。但产业型城市就不同了，选择产业型城市就等于选择一个群体。

二、产业型城市的核心是同一领域的优质公司多

我们在求职的过程中，判定产业型城市的核心点在于，你想要进入的城市，是否拥有很多与你意向工作同领域的优质公司。

如果一个城市拥有很多同领域的公司，就说明这个城市有很多同领域的优秀人才，并且这个城市很有可能处于这个行业的最前端。而拥有最前沿的行业资源和得天独厚的优越条件，便是产业型城市的优势所在。

三、在大城市工作最重要的底层竞争力是学习能力

许多人都愿意留在大城市里，这是由于大城市里的资源比较丰富，常常会开展许多活动。但如果你想要获得更好的职位，就可以利用大城市提供的各种资源来提高自己在工作上的各种能力。

而提高各种能力的前提，就是你的学习能力。学习能力特别强的人会像一块海绵一样，去吸收各种资源为己所用，从而实现自己的职

业目标。所以你要明白，在大城市里最重要的底层竞争力是学习能力。

四、在大城市工作的目标是能力增值而不是攒钱

在大城市里，可以学习到许多小城市里没有的东西。于你而言，你在大城市工作，可以开阔你的眼界，放大你的格局。因此，你在大城市工作一年的收获，可能比你在小城市工作三年还要多。在大城市里工作，首先追求的目标应该是能力增值，而不是攒钱。因为，如果你的能力提升了，攒钱自然就不成问题；否则，你能力没有得到提升，而大城市的消费又比较高，你想攒钱都攒不了。所以，切忌本末倒置。

五、在大城市赚钱＋回小城市安家是一种很现实的选择

在小城市，一名有经验的普通编辑，底薪可能在三四千左右，但是在北京或上海之类的大城市，有经验的编辑，底薪可以达到一万元。在现实社会中，越来越多的人选择在大城市拿高薪，但是不愿意在大城市买房。除了负担不起大城市高昂的房价以外，更大的原因是他们更偏向于将生活重心放在周边城市或家乡，将工作重心放在大城市。用在大城市赚到的钱，在周边城市或回自己的家乡去买一套属于自己的房子，这是一种很现实的选择。

底薪有点低怎么办

职场人在面试的时候，一旦发现对方给出的底薪还没有上一家公司多，就很容易出现否定新公司的心理。而换一份新的工作在所有人看来，不论薪资待遇还是岗位都应该比前面的公司更好才对。但是真的是这样吗？其实我们在换新工作的时候，还是应该考虑很多薪水之外的东西。

一、通常来说，基本工资上下浮动 10% 是一个正常范围

如果你在换新工作的时候，发现自己的薪资比先前降低了 10%，这个时候你不要着急否定这份工作或者是否定自己的工作能力。因为从上一份工作到下一份工作，薪资出现 10% 的上下浮动是正常的，不要因为这一点而草率做出判断。

所以，如果你换的新工作，除了薪水比上一份工作低五百或一千以外，其他各个方面都不错，特别是对你个人能力的提升有很大帮助时，就不要去纠结薪水低的问题。对职场人来说，抓住能让自己提升的东西，比几百几千块钱的薪水更重要。

二、销售类工作底薪低 + 提成高，要重点关注销售流程

我们在选择销售类工作的时候，不要一味地被提成牵着走。重点要看这家公司的销售流程如何。如果它有明确的销售流程，那你作为销售员来说只需要按照流程去工作即可，就可以拿到高薪。反之，如果这家公司并没有明确的销售流程，那你的薪资高低只能取决于自己实际的学习和工作能力了。

比如说，小张从事的是写字楼方面的销售岗，虽然公司低底薪、高提成，有时候他可以凭这一点拿到很高的薪水，但是在销售岗的大部分员工，在前三个月几乎不会有较高的提成，也就导致这个岗位在前三个月，人员流动性特别大。

这个岗位的流动性之所以那么大，就是因为这家公司的管理有问题，以为只要有高提成就能刺激员工更好更高效地工作。但其实员工知道自己在工作中的每一步该怎么做，明确销售流程，比高提成还重要。

所以，如果你要进入一家销售类的公司，就要重点关注其销售流程。只知道靠高薪吸引人才的公司，不见得一定就是好公司，但那些靠自己使用、挖掘、赋能人力资源的公司吸引人才，会把三流人才变成一流人才，这是真正的好公司。

三、最不能接受的是没有弹性工资的底薪低

入职一家新公司，底薪低并不可怕，可怕的是它还没有弹性工资。因为底薪低可以通过能为己所用的公司资源、升职空间等方面来提高与改善。但如果一家公司，不仅底薪低，还没有弹性工资，那就表明这家公司的管理能力很差或者是发展前景堪忧，你就没必要为其效力了。

四、所有以工作年限为理由的低底薪都可以谈

薪水高低，除了跟个人能力有关以外，和个人的工作年限也有直接关系。如果因为你的工作年限很短，导致了你现在的底薪低，你可以跟领导直接沟通，将自己的优势告诉对方，向他提出加薪的要求。

五、把精力集中在薪资增长空间的讨论上，请对方帮忙分析

我们在求职的过程中，很容易陷入这么一个误区：在换一份新工作的时候，总是会希望当下的薪水直接达到自己的预期。其实，你想要知道自己能否拿到高薪，可以直接请对方分析，你所应聘的职位在未来可以通过什么样的机会和途径去提升薪资。

遇到新的工作机会时，我们不要一看见低薪水就急于放弃，因为开始的低薪并不意味着这个岗位的薪资没有提高的空间。所以，在这个问题上，你可以与面试方好好讨论一下，听他们怎么说。

应届生最应该看重什么

大学生在大学毕业之后，都会面临一个进入职场的问题。但是在进入职场时，一味像小牛犊一样横冲直撞的话，会走很多弯路。

应届毕业生找工作，应注意下面几点，会让你在职场上少走一些弯路：

一、找工作最重要的是找人——职业榜样

当我们首次进入职场时，有时候就算领导安排了具体的工作内容，我们也会有无从下手的感觉。这个时候，你可以从团队中找到最优秀的那一个作为你的职业榜样，看看他是如何工作的。因为此时职业榜样对你而言，可能比公司、薪水本身更重要，公司和薪水都是暂时的，但是你从一个人身上学到的好东西却是一辈子的财富。

二、找到职业榜样以后，最重要的是执行力——话少活儿好

职业榜样之所以能成为职业榜样，一定是他在工作的某些方面有过人之处。那么，我们在找到职业榜样以后，可以通过少说多干，用了解和掌握他的工作流程和思维方式，从而让自己工作得到提升。

三、要优先培养职业素质和通用能力

所谓职业素质，是职场人对社会职业了解与适应能力的一种综合体现，其主要表现在职业兴趣、职业能力、职业个性等方面。具体而言，包括你在工作中的执行力、认真对待工作的态度、理解与信任上级等。

所谓通用能力，顾名思义，是指无论你在哪里上班、处于什么岗位，都需要拥有的能力。这些能力包括主动性、承担责任、团队合作、

学习力等。

作为应届毕业生，你应当优先培养自己的职业素质和通用能力，一旦你身上具备了这些，再加上你的专业能力，你要找到一份理想的工作并不难；否则，你的专业能力再强，也可能因为职业素质、不知变通等问题而屡屡碰壁。

四、要优先选择快速发展的行业

如果一家公司处于缓慢发展的行业，那这家公司在短时期内很难有什么突破。这样的公司即便给出的薪水不低，但对应届生来说，能够从中学习到的东西也很少，所以最好不要进入这样的公司，一进去就有开始"养老"的感觉，它会消磨你的锐气，对你将来的发展不利。

相反，如果是一家身处快速发展行业的公司，那它自己都在快速往前奔跑的时候，也会不断地给你提出越来越高的目标，带着你一起往前跑。所以，你只有优先选择快速发展的行业，才会成为更优秀的人。

中年职场人转型怎么取舍

人到中年，上有老要养，下有小要育，压力比较大，工作经验也比较丰富，这时中年职场人要转型的话，应该如何进行取舍呢？下面五点可供参考：

一、转型的本质是找到可以完成目标的新资源

转型往往转的不是目标，而是换一种方式完成目标。比如说，你今天午饭的目标是吃饱。以前是吃包子能吃饱，但是现在包子没有了，

你换了另一种喝粥的方式，其最终目的也是吃饱。因此，转型就是找资源，而找资源是为了完成目标。

二、既要有"空杯"心态，又要有自我肯定，最忌讳患得患失

中年人不要让经验成为包袱，也不要怀疑自己，要有"空杯"心态并能自我肯定，觉得可以干的事，就不要患得患失，决定了就要去干。

三、坚定地向年轻人学习，认年轻人做老师

中年人一定要放下架子和所谓的资历，多观察年轻人的言行，多向年轻人虚心请教，一个不能与时俱进的中年人，会面临被淘汰的命运。千万不要瞧不起年轻人，他们虽然没有你经验丰富、阅历多，但是他们知识新、脑子活、创新意识强，在这方面是可以做你的老师的。

四、重视新环境下的每一件小事，做好每一件小事

中年人转型后进入到一个新环境中，一定要努力调整自己，尽快适应并融入其中。重视新环境下的每一件小事，因为这是你获得新知的一个个机会；同时也要重视干大事，因为它是你迅速成长的关键节点。

五、打开自己，享受仅剩一半的职业生涯

中年人由于多年养成的职业与生活习惯，有时候会比较封闭或者十分自我，转型后你到了一个新环境，这时你要开阔心胸，有一种接纳包容的精神，这一点特别重要。你应当有一种从头开始的心态，一边迎接挑战，一边享受仅剩一半的职业生涯。

大公司待遇好 VS 小公司职位高

职场人在求职的过程中，一般会考虑这样的问题：应该去小公司还是大公司，大公司的待遇好，而小公司虽然规模不大，但是给出的职位很高，那这样的小公司有发展前景吗？遇到这种需要选择的情况时，下面几点可以为你提供参考：

一、大公司和小公司，本质上都是你完成目标的资源

从本质上来讲，公司的大小，跟求职者的关系不是很大，因为对求职者来说，它们都只是你为完成某个目标所需的资源。

二、大公司资源多但不会都给你，小公司资源少也许会全都给你

你在选择公司的时候不要看大小，你要把公司当成你的资源平台。当你进入一家公司之后，你能在这家公司拿到多少资源比这家公司的规模大小更为重要。

大公司确实好，工作环境舒适，所在的园区绿化好，发个朋友圈都特别有"面子"。但是发朋友圈能让你挣到钱吗？显然不能。虽然大公司资源多，你又能拿到多少呢？

小公司规模小，甚至工作的环境就只能提供给你一个小工位，可能连厕所都要在同一个楼层和别家公司共用。但是，就算小公司拥有很少的资源，可它会把自己手上的资源全都给你，让你施展拳脚大干一场。

三、比待遇高低更重要的是待遇的提升空间

不管是进入大公司还是小公司，不要过于计较入职时的待遇高

低，而是要弄清楚待遇的提升空间有多大，有哪些途径，需要自己付出怎样的努力，等等。

四、最重要的还是能否给你一个创造高绩效的环境

要知道一家公司是不是一个能创造高绩效的公司，要了解这家公司的工作计划是否妥当，领导过去是否重视业绩，公司是否有明确的工作流程，团队氛围如何，等等。

以上这些，是你评判一家公司是不是更好选择的标准，单纯看公司大小的话，其实并无多大意义。

总之，我们在判断不同类型的机会是否适合自己，其实就是参考这个公司所处的行业是传统行业还是新兴行业；岗位的所在部门是边缘部门还是核心部门；公司整体业绩是缓慢增长还是明显增长；你的直属领导是否值得你去跟随；整个公司的业务流程是混乱还是清晰；你所求职的岗位薪资是否有弹性；等等。上述因素是你选择一份新工作时的衡量标准。

最后，请你务必记住一点：职业赛道最重要的三个标准：第一是增长快，第二是体量大，第三是离钱近。

警惕面试中的预警信号

面试就像一场"智斗"，你要善于观察面试官的微表情和只言片语，这里面有一些预警信号，需要引起你的警惕。

我们在面试的时候，要时刻摆正心态，不要把自己的姿态放得很低，尽量让自己和面试官处于平等地位进行面试谈话。因为只有这样，

职业赛道最重要的
三个标准：
第一是增长快，
第二是体量大，
第三是离钱近。

你才会站在较为理性客观的角度上，去寻找面试官在面试过程中，可能会透露出来的预警信号。别因为当时面试一时的"好气氛"就放松警惕，如果对方不是一家"靠谱"的公司就要果断放弃。

面试官一直在宣讲，很少提问

职场人士在求职面试的过程中，如果碰到面试官一直在宣传讲解自己的公司，很少向面试者提问，那这种就是面试中典型的预警信号之一：他的所有表现都不是想要人才的表现。

朱志是一个工作能力非常强的年轻人，他之所以会从上一个单位离职，是因为他发现对自己的职业生涯来说，需要新的职场资源。所以他在离职之后并没有选择休息，而是选择果断应聘。

可是就在这个月面试的时候，朱志遇到了这么一个面试官。这位面试官在面试朱志的两个小时里，光讲公司在未来有多么好的发展前景就讲了一个半小时，剩下的半个小时讲的内容也都不是关于朱志的工作的，一直在讲公司服务的客户有多厉害。

除此之外，这位面试官在面试的整个过程里，完全不提朱志求职的岗位，公司在业务上的标准流程如何。于是，朱志在这个时候就知道这家只知道"画大饼"的公司不适合自己。所以在面试结束之后，就果断"拉黑"了这家公司人事的电话号码。

如果一个面试官真的想要了解面试者是不是适合自己的公司，不论问你在上一家公司的工作内容还是问你希望在新公司的发展前景，哪怕只是问你为什么会选择这家公司，都代表着他很想了解你。

提到岗位职责，只有笼统概括的介绍

如果在面试的过程中，面试官提到岗位职责的时候只用了几句话就带过去的话，你就要留意。因为对职场人来说，你的求职岗位，是你八小时工作时间里主要做的具体事情。职场人的工作时间很宝贵，如果对方简单概括的话，你就要思考：要么这个岗位的工作内容很杂，你需要做的事情很多；要么这个岗位对公司而言不重要，那连带着你的薪资待遇肯定就不会太好，更谈不上以后的晋升空间了。

西西面试的时候，求职的岗位是主编助理。但是在面试的时候，面试官并没有很全面地介绍这个主编助理的职位，只说了一句：协助主编工作，帮忙处理一些小文稿之类。所以，西西在正式上岗前都不知道自己具体的工作内容是什么。

正式上岗之后，西西才发现，原来自己除了要帮忙处理主编安排的部分编辑文稿工作以外，还要帮主编订机票，拿干洗衣服，甚至连主编办公室的清洁都由她负责。

由此可见，如果你在面试的时候，面试官对你的岗位职责介绍得含糊其词，那这份工作的具体工作内容就有可能达不到你心理的期望值，甚至远低于你心理上的期望值。就像你想通过 A 公司获得新的资源，但是你到了 A 公司之后，才知道自己不仅得不到任何资源，还有可能把你之前积累的资源拿出来供新公司使用。

公司业务刚起步，领导不关心细节

在面试过程中，如果面试官告诉你公司的业务刚起步，就说明这是一家创业公司。作为创业公司的老板来说，早期并没有成熟公司那样的系统战略，主要靠的就是用一个个细节完美的小计划去攻下一个个"小山头"。能接连不断地获得小成绩的初创公司，才能让所有员工都看到希望；反之，大家都会跟着创业的失败而失业。

> 永红在一家做木材销售的初创公司做库房管理。这家初创公司的库房设在南方多雨的某个城市，永红作为一名有多年经验的"库管"，曾对老板提过建议：在梅雨季节，库房要做防潮处理。

> 但老板去看了一眼库房之后，认为一点点的墙面潮湿对木材的影响不大，再加上公司到手的订单多，出货量大，木材停留在库房的时间短，所以没必要做防潮处理。谁知道这一年连着好几天的大雨，客户方的货车在调控方面出现问题，要晚来半个月。正是在这半个月的时间里，木材全都受潮不能用了。这种事情的发生，其实完全可以避免。只是因为老板认为一些小细节不重要，结果就让公司丢失了创立以来最大的客户。

对业务刚起步的公司来说，越是细微之处越要有周全的处理方式。因为公司的规模小、资金少，所以才更要注意那些明明可以避免的细节差错。

针对你的面试，明显没有任何准备

如果面试官对你的面试没有任何准备，那么可能是因为你的岗位职责很简单，不需要负责复杂的工作，简单跟你说一下工作的标准就可以了。这样的岗位，你在面试前就应该知道具体的工作内容。

但如果你要面试的岗位，并不是那么简单，和你上一家公司一样需要负责的内容很多，在这种情况下，面试官还是没有任何准备的话，只能说明这家公司不重视你的岗位，或者是这位面试官作为领导而言不够专业。这样一家不重视岗位、领导缺乏能力的公司，你完全不用考虑。

很容易就当场答应你的薪水要求

如果你在面试的时候，对岗位提出了自己的薪水要求，而对方完全不考虑一口答应下来，这时你不要急于高兴，因为对公司来说，薪资的设定一定会从多方面进行考虑。员工的工作能力、团队的业绩水平、同行业内的岗位平均薪资以及公司目前的赢利状态等，都是评定员工薪水标准的参考条件。

所以面试官快速答应你的薪资要求，只能说明这位面试官没有任何经验。既然公司安排一位没有任何经验的所谓领导面试你，你就能窥一斑而知全貌，这样的公司也不会优秀到哪里去。

和你一起"攻击"同行

大多数情况下的面试，都有可能在面试的过程中谈论到同行。如果聊到同行的时候，面试官并不是尊敬对手的心态，而是充满攻击，那么这家公司的工作环境就是很差的工作环境。因为在职场上的每个人，都知道好的公司是能让人和公司共同学习、共同成长；如果一家公司从上至下对待同行都是仇视、攻击的心态，在这样的环境下你最终就会变成跟其他人是一样的人。

同行能立足行业之内，一定有其过人之处。积极向上、正确对待同行的方式，是通过取对方所长弥补自己所短，而不是一味攻击。所以一旦遇到一味去攻击同行的面试者，那么，我们就应重新审视这家企业。

公司发展稳定，面试官不重视业绩

在职场上，每个人肯定都希望自己的事业越来越好，想要越来越好肯定要付出同等努力才能达到越来越好的状态。如果你面试的公司发展十分稳定，面试官却不要求你创造业绩的能力，那么这位面试官的做法就显得匪夷所思，不是"混"上来的"菜鸟"，就是对你"别有用心"。

正常情况下，你面试的时候，面试官会严格考察你过去的业绩成果，并且对你在应聘岗位上也有标准或超标准的业绩要求，这样的公司在你进去之后，才会激励你不断向前跑，而你也才有可能进入以业绩为主的职能部门。

公司发展缓慢，老员工占绝大多数

如果你在面试的时候，发现你要去的公司里大部分的员工都是老员工，并且公司的发展十分缓慢，你就要做好心理准备。这个心理准备就是，你进去之后可能要处理许多超出职责范围内的工作。

除此之外，你作为"新人"进去之后，老员工里一定会有浑水摸鱼的人，那你的工作状态和风格肯定就会因和对方不同而发生冲突，甚至还有可能，经过一段时间的工作你也加入了老员工的队伍里变成了一成不变的人。最可怕的是，即使你已经变成了他们中的一员，但是公司的资源和晋升机会，仍然是老员工有资格优先。所以这样的公司，除非是有"养老"打算，或者是喜欢安定生活稳定工作的人，不然并不适合一般有干劲的职场人。

总之，我们在面试的过程中，一定要注意面试官的各种小细节。通过与面试官的谈话，来判断出这家公司靠不靠谱，或者这家公司靠谱但是并不适合自己。这些都要尽量在面试的时候，从面试官那里获取预警信号。这样一来，就能避免自己进入的是一家进去之后就开始后悔的公司。

从容应对，避免过度焦虑

表面上看，是公司在面试你，但其实你也在面试公司，这是一个双向选择，所以不必焦虑，从容应对就好。

我们在面试的过程中，或多或少都会有点焦虑和紧张，这种焦虑除了担心自己在面试的时候没有发挥好以外，还可能因为面试过程中了解到的薪水标准、岗位等都偏离了预期，产生了焦虑。

其实，这种焦虑完全可以避免。比如说，对方给出的薪水低，但是你在应聘一份工作的时候不能只将重点放在薪资上，如果以后有更大的发展晋升空间的话，即便对方给出了暂时的低薪，也是可以接受的。或者是公司自身还可以，但是为你提供的岗位你不想去，这时你应该衡量对自己的职业生涯来说，是待在那个岗位上重要，还是这个岗位的直属领导对你的影响更重要。

如果你能厘清这些问题背后的实质，那么你在面试的过程中一定会从容许多。

薪水比预期的低

如果你在面试的过程中，面试官给出的薪水标准低于你的期望值，你也不要感到焦虑。因为薪水只是比预期的低，不代表薪资没有提升的空间；如果薪水低，薪水的增长空间也小，那你才应该焦虑。由此可见，薪水的增长空间比薪水本身更重要。

所以，哪怕最开始的底薪低，如果你的职位薪水在这家公司的增长空间比较大，那你完全就不用为一开始的低底薪焦虑。相反，你在面试的时候知道了低底薪之后，还应该从容地问面试官，自己的岗位在公司的增长空间如何。如果增长空间非常好，那你完全可以不用在乎底薪低，你只需要在进入这家公司之后，给自己定下阶段目标，然后通过自己的努力一步步完成，这样自然就能提高自己的薪水。

提供的岗位不是最想去的

很多职场人在求职的时候，都会先看看这家公司是不是一家好的公司，然后再看自己要应聘的具体岗位。如果公司能入你的眼，但是进行到面试这一步时你却发现这个岗位不是自己想去的，这个时候你就要问自己几个问题：我选择一份新工作的最终目的是什么？是想要获得更多更好的新资源，还是单纯为了丰富自己的职业生涯？无论答案是哪一个，你都要明白，能够给你带来这些东西的从来不是一个岗位，而是你的直属领导。所以，即使面试的时候发现岗位不是你想去的，也不要急着推辞，而是要去了解这个岗位的直属领导是谁，他是否有能力帮助你实现自己的阶段目标。

转型失败了怎么办

在职场，有的人之所以很难突破自己的舒适圈，一方面是因为当下的工作过于安逸不愿突破，另一方面是担心自己一旦转型就会承担失败的风险。职场人会这么想，是因为他们没有理解什么是转型。转型到另一个公司、另一个"赛道"、另一个岗位，其目的都是完成新的目标，即使失败了也没关系，至少你知道了这些地方都没有你能完成目标的资源。

即便这些地方没有，那也并不代表你的转型就失败了，你可以为了完成新目标继续尝试转型。永远不要给自己设定一次转型就必须成功的定位，因为很少有人只通过一次转型就能达成目标。

不喜欢直属领导怎么办

职场中，几乎所有领导都被下属暗地里抱怨过。原因有很多，大多离不开做事风格、管理水平以及工作能力等几个方面。而且，对相当一部分职场人来说，大多谈不上对直属领导的喜欢。但是你喜不喜欢直属领导并不重要，重要的是你要告诉自己，直属领导是你最重要的职场资源。你在职场上要尊重领导、欣赏领导、配合领导，都是为了能从领导那里拿到你在工作上的资源支持。所以，不要因为对直属领导的不喜欢而影响你对一份新工作的评判。

总之，想要知道一份工作能否满足自己的阶段目标，或者是能否充分发挥出自己的优势，都需要你在面试的时候尽量减少焦虑，做到从容应对。放下焦虑，相信自己，面试是一个双向的选择过程，只要你自己是有能力的，是可以胜任这份工作的，就不要怕被拒绝。所以，要勇于在面试的过程中带着从容的心态去提出自己心中的疑问，因为很多时候一场面试就能解决你以后工作中会面临到的许多问题。

放下焦虑，
相信自己，
面试是一个双向的
选择过程。

评
估
新
工
作
前
景

- 好工作的
  两个前提
  - 能满足你的阶段目标
  - 能发挥出你的优势和长处

- 判断不同类型
  的工作机会
  - 直属领导是否值得跟随
  - 这家公司是否值得加入
  - 哪些岗位更有前途
  - 一定要去大城市吗
  - 底薪有点低怎么办
  - 应届生最应该看重什么
  - 中年职场人转型怎么取舍
  - 大公司待遇好 VS 小公司职位高

- 警惕面试中
  的预警信号
  - 面试官一直在宣讲，很少提问
  - 提到岗位职责，只有笼统概括的介绍
  - 公司业务刚起步，领导不关心细节
  - 针对你的面试，明显没有任何准备
  - 很容易就当场答应你的薪水要求
  - 和你一起"攻击"同行
  - 公司发展稳定，面试官不重视业绩
  - 公司发展缓慢，老员工占绝大多数

- 从容应对，
  避免过度焦虑
  - 薪水比预期的低
  - 提供的岗位不是最想去的
  - 转型失败了怎么办
  - 不喜欢直属领导怎么办

第七章

做好薪资谈判

"

如何进行有效的薪资谈判，要做好三个准备：一是知道薪资谈判的四个前提，二是掌握薪资谈判的五种策略，三是清楚薪资谈判的七种误区。重点是前两个。"工欲善其事，必先利其器"，所以在进行薪资谈判之前，做好这些准备是很重要的，不能打无准备之仗。还有，要充分了解我们在第一章讲到的五种薪酬模式，以及你未来靠什么赚钱，你的薪酬模式怎么设计，等等。另外，有一个谈判基础也不能忘，那就是基本保障、短期激励和中长期激励，三者中你最在意的是哪一个。你要事先想好谈判中在哪个层次上争取突破。

"

薪资谈判的四个前提

知道薪资谈判的四个前提，你在谈判中就有了指路灯塔，不会在激烈的谈判中"迷航"。

在进行薪资谈判之前，首先要弄清楚，你究竟想要什么，内心的真实想法是什么？

而针对这些问题你可以从以下三个方面来考虑：

一、你是为了自己的目标，还是家人的期望

家人期望你每个月拿回更多的工资，而你的目标是利用公司的平台获得成长的机会，这样一来，你与家人之间就有了矛盾。如果你身上没有背负那么多责任，而是喜欢这个团队，想在其中获得成长，那么你的薪资要求可以放低一些；如果你身上背负着房贷、养育妻儿老小的压力，那么更高的薪资就是要首先考虑的。

二、你对工作的选择和对薪水待遇的要求，要符合内心真正的需求

这个问题似乎与上面的问题重复了，其实二者的侧重点是不一样的。前者是一个家庭责任问题，后者是一个人生策略问题。选择工作，你可以选择轻车熟路的，这样薪资会有保障。但是老在熟悉的赛道上进行，可能就把自己固化了，不能继续成长；你也可以选择有挑战性的工作，虽然一开始干得不顺手，薪资也会缩水，但是一旦突破，你就获得了成长，多了一项生存的技能，在社会上就有了更强的竞争力。对此，你要诚实面对自己的内心，明白自己的需求是什么。

三、跟着赚钱的人赚钱，往往赚钱是最快的

在谈薪资的时候，有时候你会患得患失，自己开口要的薪资是高了还是低了？其实没必要。你只需要看看老板赚不赚钱，直属上级赚不赚钱，公司赚不赚钱。如果公司正在赚钱，你一定能赚到钱。所以，只要能加入一个快增长的团队，你就赢了。

考虑了这三个方面后，你在薪资谈判中就树立了一个大体的方向，下面我们来具体说说薪资谈判的四个前提。

明确你的薪水目标

在进行薪资谈判中，首先要明确你的薪水目标，可以谈目前的薪水，也可以谈半年、一年后的期望薪水，甚至可以谈五年、十年后对薪水目标的追求。薪水是一个母项，包含许多子项，请看下表：

跟着赚钱的人赚钱，

往往赚钱最快。

表7-1 明确你的阶段薪水目标

阶段	时间期限	实际收入	固定工资	绩效工资	标准福利	其他福利
短期	半年					
	一年					
中长期	三年					
	五年					
	十年以后					

在谈判中谈到目标薪水这一话题，不要有太多的顾虑。一家正规的公司，它的董事会、管理层对公司的发展前景会有短期及中长期规划。你应该对自己的薪水目标有所规划，这个问题也可以咨询别人，听取别人意见，但自己心中一定要有数。因为，薪资谈判是自己给自己定的目标，招聘方也会因此评估你的价值及对薪水要求的合理性。

在明确薪酬目标时，我们该注意以下两点：

一、避免受害者心态

谈目标薪资时，要避免受害者心态。自己开出薪水后，对方爽快答应了，不要觉得自己要少了；而被对方拒绝，也不要后悔自己要多了。只要对方给出的薪水符合你对薪水的最低标准，就可以考虑答应，不要错失良机。

所以，在开出薪水之前，首先要在内心给自己的薪水划三个挡：最低目标、满意目标与惊喜目标。如果你在谈判中发挥正常，获得满意目标的薪水是完全有可能的；再进一步，如果你在谈判中表现出色，令对方格外满意，给你开出一个惊喜目标的薪水也是有可能的。

二、明确薪酬模式

还有一点要引起警觉，那就是在薪资谈判中，我们往往特别关注基础薪水，其实相比这个更应当关注的是薪酬模式。下面我举个例子来说明：

> 比如说，公司给出一种薪酬模式，只要你完成一定质量的工作，就可以拿到固定月薪15000元。如果你不满意，希望挑战自己，拿到更多薪水，可提出另一种薪酬模式，即底薪8000元加绩效，因为有绩效工资，你会更有动力，那么你拿到22000元的薪水也是有可能的。这样做，显然比只拿15000元的死工资，更有利于个人成长。

薪酬模式之所以要尤其关注，是因为不同的薪酬模式，表明你的工作是在"卖时间""卖技能"，还是在"卖管理"，而这之中"卖管理"才是最重要的。

做一个假设，如果一家公司决定给你晋升了，我的建议是，前三个月甚至前六个月，不要过于关注薪水，薪水不比原来低，就可以答应。这是为什么呢？因为你答应了，会给公司一个好印象，在这个过程中，公司会给你更多的支持，管理者对你的预期本身就低，你更容易做出超出他预期的成果，等你带领团队取得良好的绩效，薪酬一下子就提高了。

起点低没什么不好，只要业绩能一点点做上来就行。如果一开始双方就把起点定得很高，但最终成果没有达到预期，于是互相嫌弃，那么这就是一个双输的糟糕局面。所以，进行薪资谈判，一定要关注薪酬模式。不要一上来就什么都想要，或失败就垂头丧气。因此受到打击。工作中，遇难而上才是对的，否则公司给你的机会窗口就会越来越小，最终可能关闭，你就只能重新找工作。

尊重招聘方的反馈

在求职者与招聘方进行薪资谈判的局面中，相对而言，求职者是处于弱势一方，即便如此，也不能"乱了阵脚"，只要做到不卑不亢，尊重对方就好了，而不是完全地服从，或对方说什么就是什么，一定要有自己的判断。对方说得合理，就接受；否则，可以礼貌地拒绝。

关于尊重招聘方反馈这个问题，我们从三个方面来谈：

一、招聘方的职责

在谈判中，有一点一定要清楚，企业的核心目标是赢利，招聘方的职责是选人与"定价"。选人是选能为企业创造价值的人，然后用一个合理的薪资将求职者留住。因此，谈判中真正重要的是定价，而不是抬价，也不是压价。

如果你加入一家公司时，公司没有与你进行薪资谈判就同意了你的薪资要求，对你的背景也没有进行调查，甚至给了你超出两倍的薪水，难道是这家公司傻吗？当然不是，你大概率是遇到了骗子。可千万不要以为是天上掉馅饼，也许有陷阱等着你。

二、需要求职者来提供确定性和信心

当然，现实职场中也有这样一种情况，那就是有些企业招聘经验不丰富，需要求职者来提供确定性和信心。一些企业在发展的时候，需要招兵买马，但管理者对究竟要招什么样的人并不确定，对能否招到合适的人也没有信心。

谈判中真正重要的
是定价，
而不是抬价，
更不是压价。

如果你遇到的是这样的招聘"菜鸟"，但你发现这家企业正是你在找的舞台，那么就可以主动跟招聘方谈，先不谈薪水，先把重要的事说明白。如果以你的职场经验帮助招聘方提升了认知，招聘方就会认为你格局大，当然愿意聘用你，这时你再跟他谈薪水，那自然不成问题。

三、求职的本质

这里需要强调一点，求职中很重要的一点是"求"，求，包括寻找、商议和妥协。求职的本质并不是单纯地谋求这个职位，而是寻找你想要的资源。面对招聘方，你不能摆出一副凡事都无所谓的姿态，而是要目标明确，为自己找资源，一旦发现资源就要竭尽全力去争取。

比如，在很多情况下，HR 的首轮面试通过以后，你还要面对区域经理或老板的面试，在该过程中一定注意不要说你的问题都和 HR 谈过了，已经没有其他的问题了，这会显得你很不尊重面试者，跟管理者面对面沟通是你表现自己与深入了解公司的绝佳机会。所以，招聘的最后环节，一定要抓住机会问问题。

关注隐形收益

现在我们来谈谈薪资谈判中的第三个前提：在薪资谈判之前要关注隐形收益。什么叫隐形收益？就是在岗位工资之外，还有其他一些附带收益。

如今很多人在找工作的时候，太关注表面的薪资报酬，而忽略了岗位能够带来的隐形收益。其实有些岗位的发展空间关键就在它的隐形收益上，如果被人为忽略，你可能永远都体会不到这个岗位的真正价值所在。

那么，如何才能看到岗位的隐形收益呢？这需要我们认识到以下两点：

一、薪水不是单纯的数字

我们来举一个例子说明，你加入一家公司，这家公司所在的写字楼特别漂亮，公司品牌特别好，这不算隐形收益。当你进入这家公司后，发现一个同事是从国外留学回来的，见多识广；另外一个同事刚做了一个项目，日活跃用户数量 100 万；还有一个同事搞了一个项目，有着可观的收益。你如果能从这些"牛人"身上学到东西，这叫隐形收益；这些"牛人"能带着你出去找项目，见更好的合作伙伴，这叫隐形收益；当你犯了错误，这些"牛人"愿意指导你，帮助你往前走，这也叫隐形收益。

所以，薪水不是单纯的数字，不要只关注表面的薪水，还要看到隐形收益是什么。

二、接触的资源是关键

我们要通过工作确定自己能提升什么能力，能接触什么资源，这才是问题的关键。

假设要入职时，发现面试你的销售总监或者店长太"牛"了，你决定跟着他学，要成为像他那样的人，于是他身上的一招一式、他关注的公众号、他平时为人处世的细节、他工作上的习惯，等等，你都努力去学，这样半年之后你整个人的格局就会提升很多，这种隐形收益，是不是比在岗位上拿一定的薪水更有价值？

关于隐形收益，下面再举一个我切身经历的例子。有一次我去安徽太平湖，我入住的酒店，离吃饭的地方有两三千米远，酒店的院子里有单车，但是特别难骑，这时保安过来问清我的情况，他说这里也不好打车，我开车送你去吧，我当时心想这是要"黑"我呀，然而保安主动说，我不"黑"你，一趟 10 块钱，往返 20 块钱。很实在啊，我欣然同意。

第二天我与朋友去李白赠诗汪伦的桃花潭游玩，结果又是这个保安开车送我们去的，往返他赚了 150 元；离开酒店去机场，又是这个保安开车送我们去的。其间，他还带我们去买当地的茶叶，这些茶商是他认识的人，想必他也有提成。算起来，这个保安三天从我们这里赚了六七百元，这些都是他岗位之外的隐形收益。

在实际工作中，我们不要只盯着岗位表面的薪水，而是要看到岗位附带的隐形收益。有时候隐形收益，比岗位工资还要高。

重新思考岗位价值

重新思考岗位价值，这是在薪资谈判中要考虑到的第四个前提。

关于这个问题，我们从两个方面来阐述：

一、站在雇主角度重新思考岗位价值

你要站在雇主的角度重新梳理这个岗位到底能创造什么价值。

我们举个例子来阐述，公司要招聘一个新媒体编辑，一般情况下，新媒体编辑本身是不太赚钱的，而能赚钱的新媒体编辑能帮助公司搞定非常大的阅读量和粉丝增长，这就需要很多优质

的原创文章，靠你一个人写，累死也难以做到。那怎么办呢？你可以运营外部的原创作者，按照文章的质量去给他们稿费，这时你就不是一个编辑，而是成了一个运营主管。虽然你的职位是编辑，但本质上你管理了非常多的外部作者，这就叫重新思考岗位价值。

举例最能把问题讲得清楚明白，所以我们再来举例。

通常情况下，平面设计师做的活儿就是雇主让我设计什么，我就设计什么，但是遇到不擅长的方面，可能就做不了，所以有着较大的局限性；而如果你是一个运营设计师，那就不一样了，你手里掌握着众多线上设计师资源，雇主找到你交下一个设计任务，你就可以找到相应的设计师来设计。此时，你就不再是一个完全在末端出图的平面设计师了，而是专注于从平面到运营，更多地跟产品接触，更多地寻找网上点击量高的设计师。你赋予了平面设计师这个岗位新的价值，这就叫重新思考岗位价值。

二、所有岗位都有弹性薪资空间

从上面的例子可以看出，一个岗位的实际价值，是富有弹性的，岗位在外表现出的只是一个具体的职务，而在实际操作中，会因为工作方式的不同被重新定义价值，所以在我们与招聘方进行薪资谈判的过程中，要时刻牢记，所有的岗位都是有着弹性薪资空间，要敢于表达你对应聘职位的看法和提出相应的要求。招聘方也会从你的观点中，对你进入岗位的表现进行预估，从而考虑你的薪水范围。

薪资谈判的五种策略

掌握薪资谈判的五种策略，你就相当于拥有了五种"武器"，临阵时根据需要拿出来"战斗"就好。

薪资谈判是要讲策略的，就像打仗要运用到兵法，我们就从这个角度谈谈。这里需要特别强调的一点是：薪资谈判要在公司准备给你发入职通知的节点上进行，也就是说在公司没有决定给你发入职通知之前，不要急着问薪水，甚至公司问你都不要说，这样做你的主动性会非常强，公司也会觉得你是个人才，不是一上来就盯着钱，而是想给公司创造价值。

你首先要跟公司聊的是岗位本身的关键性问题。当公司认可你，想给你发入职通知了，这个时候再谈薪资。当然，到了这一步，也不可掉以轻心，因为在谈判中要运用一些策略，下面我们来具体谈谈这个问题。

抛砖引玉：给招聘方一个参考

进入到具体谈薪资的环节了，招聘方会询问你的薪资要求，这时不要直说，而是要运用第一个策略——抛砖引玉：给招聘方一个参考。如何做呢？我们可以从下面两个方面入手：

一、利用同行或同事的薪资数据

你可以这么对招聘方说：我对具体的薪水数据还没有确定答案，我更看重成长性，包括领导的管理水平，业务的持续性；不过，来面试之前，我初步了解了一些同行公司的情况，他们同一岗位的薪水是15000元左右。不知道咱们公司薪资这一块是什么情况。当招聘方说我们只能给到 12000 元，你先不要急着表态，这样对方最后即便不能给你 15000 元，也可能给你超过 12000 元以上的薪水。

二、利用岗位发展空间

你也可以这么对招聘方说：我想和您说明的是，薪水不是我最关注的，只要成长空间明确，我相信我的薪水也一定会增长，您能再给我详细介绍一下成长空间方面的情况吗？我们是固定调薪吗？可以灵活争取吗？可以申请绩效奖金吗？听了对方的详细介绍后，你就可以针对性地问一些更细致的问题了，从而在薪资谈判中处于主动地位，并且找到适合自己的薪酬模式。

无中生有：给招聘方一种确定性

什么叫"给招聘方一种确定性"？就是要重点突出可迁移能力，给对方一个定心丸。

面试一个岗位，发现自己缺乏这方面的经验，你可以这么说：虽然我缺乏相关从业经验，但是胜任这个岗位的能力我都具备。这么一说，对方就会对你感兴趣，因为你给了招聘方一种你能胜任工作的确定性。

不要以为招聘面试中博弈的是薪水，其实博弈的是彼此对这个岗位胜任的确定性。招聘者特别关注的是应聘者到底能不能胜任，如果给他"肯定"的感觉，他就会对你有信心。

在招聘面试时，最可怕的是让对方认为你自己对胜任这份工作都缺乏信心，只是抱着试试看的态度来应聘，这样会使对方觉得录用你会使公司承受很多不确定的风险。这十分影响你与对方的薪资谈判，甚至直接影响你面试的结果。

以这种消极的态度面试，被动地找工作，那成功的概率是很小的。就像你去相亲，姑娘不错，你也喜欢，但你只是坐在那儿吃自己的，并不积极争取，心里想的是：如果她喜欢我，不用我积极争取；如果她不喜欢我，我积极争取也没用。

是金子总会发光的，那也得抓住机会努力去发光，否则谁会发现你是金子呢？所以，在面试中，尽管缺乏经验，只要你觉得自己可以胜任，就要自信主动地跟招聘方表态：给我三个月时间，等我熟悉了流程，我就可以做到成熟水平，完全胜任这个岗位。这就叫可迁移能力。

其实，我们每个人身上都有可迁移能力，当你没有做过某种工作，但做过类似工作，确信自己可以做，那么就可以给对方一个"肯定"的答复。这就叫"无中生有"，给对方一种确定性。

比如说我招聘一个助理，然而你从来没有做过助理，你一直在做销售员，你就觉得自己不行，打了退堂鼓。其实，你不要看助理具体做什么，要看助理工作重点考察的是什么能力。

做助理需要有哪些能力呢？一个是分类整理的能力，而做销售员肯定有对客户进行分类的能力。一个是优先级的能力，销售员每天都会关注自己的客户，哪个客户优先去突破，这种能力销售员会有。还有，做助理要有跟进的能力，要有跟领导和谐相处的能力，要有不怕压力的能力，这都是做销售员必备的能力。

所以，销售员出身的你，怎么就不能做助理呢？当你不想做销售员，想做助理的时候，就会发现很多底层能力是相通的，这就叫可迁

是金子总会发光的，
但那也得抓住机会
努力去发光。

移能力，这就是本节要说的"无中生有"，给招聘方一种确定性。

反客为主：变被动为主动

薪资谈判中，可以运用到的第三种策略，叫"变被动为主动"。

我们举一个例子来讲清这个问题：一家餐厅招聘 20 个服务员，你前去应聘，通过观察与交流，你发现了问题，于是对老板说：老板，我对餐饮行业有一些了解，我觉得你们招的不是服务员，而应该是点菜员和传菜员。

你这话一出，一下子就把老板"震住"了，你开始反客为主，变被动为主动了，下面老板就急着听你说了：点菜员的职责是让客人吃得更有面子，让客人吃得更安心，让客人在点菜的过程中效率更高，不仅要熟悉自家店里有些什么菜品，还要知道过去客人喜欢点什么，有什么口味偏好。这对能力的要求是比较高的，不是传菜员可比的。

此外，你还可以进一步建议，让老板招聘 5 个点菜员，15 个传菜员，而不是笼统地招 20 个服务员。这样一来，你就帮老板重新设计了岗位价值，使岗位职责更明确了。你得到老板的认可，入职还会成问题吗？

这个案例，还有前面提到的招聘新媒体编辑、平面设计师的案例，求职者都颠覆了招聘方的认知，从而反客为主，变被动为主动。可以试想一下，在一次薪资谈判中，身为求职者的你，成了"主人"，成了"主动"一方，招聘方被你带着——走你的节奏，你获得理想的岗位，得到理想的薪水，自然是水到渠成。

欲擒故纵："放长线钓大鱼"

薪资谈判的第四个策略是"放长线钓大鱼"。通俗地说，就是不要急于求成，不要鼠目寸光，为了更大的利益，要有长远的眼光。

这个策略在实际的薪资谈判中怎么运用呢？就是不要急着跟招聘方谈薪水，而是要多聊聊晋升机会、奖金空间方面的问题。这里"故纵"的是眼前的薪水，"欲擒"的是更多的薪水。放的"长线"就是不急着谈薪水，钓的"大鱼"是更高的职位，更多的奖金。

第一点，在跟招聘方聊晋升机会这个问题时，你开始可以这么说：我是想在公司长期发展的，所以我的个人职业规划中，最重要的目标是走向管理岗位。

通过沟通，如果你发现这个岗位偏基层执行，公司还没有明确的晋升计划，而你认为有改进空间，那么你就可以这样跟他说："抱歉，恕我说话比较直接，我特别想和您沟通的是，如果公司在这方面没有管理精力，可以授权给我来设计吗？我能管理自己的团队吗？"这样提出后，只要你的想法有可行性，且有希望给公司创造更大效益，招聘方会很快向上汇报或沟通。你晋升的机会也就有了。

第二点，在跟招聘方聊奖金空间这个问题时，可以用这样的开场白开场："非常理解公司在人力成本上的严格预算，这是管理出色的体现。"接下来开始问一些实质性的问题：公司这么注重预算，注重成本，是为了现在控制风险，还是打算长期都这样呢？

通过对方的回答，你来判断，从中能不能找到获得更多奖金的空间。如果公司一直都这样严格控制人力成本，基本上只能拿到初入职时的薪水，你不满足，那么就可以重新考虑是否还进行工作下去。

向上管理："搞定"最高决策人

在薪资谈判中，最见效果的策略莫过于"'搞定'最高决策人"，当然，"搞定领导"是最难的，不过也是收效最大的。

那么如何"搞定领导"呢？可以从四个方面入手：

首先说结论，就是要明确告诉最高决策人，只要公司给我三个月时间，我完全可以胜任。说这话时要信心满满，毫不犹豫，切忌说得吞吞吐吐，底气不足。因为你是要"搞定领导"，所以在话术上首先就要"震住"对方。

其次是摆事实，要"搞定领导"，光凭三寸不烂之舌，那肯定不行，还要拿出你身上的"硬货"：过去做过什么，最擅长什么，具备怎样的解决问题的能力，等等。总之，是要用事实证明你一开始说的结论，不是在吹牛。

再次是给信心，尽管你说了结论，摆了事实，证明了自己行，可是最高决策人对你仍可能存在疑虑，提出他的担心。这时你就要从容面对，继续深入沟通，不断给对方信心，直至打消对方的疑虑与担心。

最后是要有取舍，为什么要跟最高决策人谈这一点呢？虽然你很有信心，具备某些过硬的能力，但是你不可能"搞定"公司所有事，总有些事是你做不好做不了的，所以要有取舍。你擅长的事可以让公司大胆交给你做，不擅长的事就不要揽过来。正所谓有所不为才能有所为。大包大揽，没有取舍，最终不仅会害了自己，也会"坑"了公司。

薪资谈判的七个误区

清楚薪资谈判的七种误区，避免"踩雷"，你的成功率自然就高。

前面两节，我们讲了薪资谈判的四个前提与五种策略。知道了谈判的前提，也掌握了谈判的策略，但仅有这些是不够的，我们还要知道谈判中有哪些"雷"，千万别"踩"了，否则一着不慎，就可能满盘皆输。下面我们就来谈谈本章的第三个知识点，薪资谈判的七种误区。

过早关注薪水

第一个误区，过早关注薪水。也许你会问，薪资谈判不就是谈薪水吗？一开始怎么就不能关注薪水了？俗话说心急吃不了热豆腐，上一节提到要"欲擒故纵"，说的就是不要急于求成，要逐步达成目标。

过早关注薪水之所以是个忌讳，是因为不管身处什么岗位，都更应该关注自己的长期价值。如果认为自己只值这个薪水，那其实你也很难拿到更高的薪水，所以不要太早关注这件事，等到彼此都了解了，再适时地提出来也不迟。

二次讨价还价

第二个误区，二次讨价还价，给人不满足的印象。在薪资谈判的过程中，如果你与招聘方已经达成了薪酬协议，就不要出尔反尔，如果你认为招聘方对你提出的薪资要求答应得过于爽快，马上就跟招聘方进行第二次的讨价还价，你这样做，就犯了大忌，招聘方很可能就会因此收回入职通知。

可以换位思考一下，如果是对方临时变卦，要降低已经谈妥的薪酬，你还会留下来为这样的公司效力吗？做人要有基本的诚信，如果朝三暮四，谁敢用你？

完全接受招聘方要求

第三个误区，因为经验一般，被应聘公司左右薪资。社会上的岗位很多，而个人的能力毕竟有限，所以，你去应聘的岗位，完全有可能是过去没有干过，或者相关经验一般的。难道就此打退堂鼓了吗？不要轻易否定自己，须知每个人都是有可迁移能力的。很多岗位表面看上去不一样，但其实它需要的能力是相通的。这一点我们在上一节第二个知识点中举例论述过，此处不再赘述。

遇到这种情况，不但不能打退堂鼓，更不要完全被公司左右薪资，对方说多少，你就接受多少。你仍然可以表现得很自信，用自己的从业经历，告诉对方自己具备胜任这个岗位的能力。

你要明白没有一家公司会喜欢没有信心的人，公司愿意给有信心的人更多机会。所以就算没有经验，也要有信心，有加入团队展示能力创造价值的愿望。只有这样，你在薪资谈判中，才不会因为经验一般，而被应聘公司当成"菜鸟"，任意左右薪资。

不关注薪酬结构

第四个误区，不在乎薪水，对薪酬结构完全不关心。过早关注薪水是谈判的误区，而不在乎薪水，又踏入了另一个误区。

试想一下，求职者都想得到较高的薪水，你想进入一家公司，却不在乎这个，那你是想干什么？你连薪水都不谈，是能力不足，来公司混日子的吗？你这样做会引起招聘方诸多不良猜想，还有被录用或重用的希望吗？

薪水绝不是一个简单的数字，它里面包含了许多内容，而且薪酬也是有结构层级的。薪水这个母项包含了固定工资、绩效工资、福利、奖金、保险等诸多子项，所以对于公司设计的薪酬结构，一定要问个明白，了解清楚。如果对公司的薪酬结构不了解，只知道埋头干活儿，不知道争取更多机会，那么你就会长期原地踏步。

完全按照招聘广告上的薪水标准

第五个误区，完全按照招聘广告上的薪水范围谈判。薪水范围写的是 15000 元到 30000 元，你就报价 30000 元。

薪资谈判不能这么谈。这一下，也许你会问：上面说了不能不在乎薪水，现在我在乎薪水了，又说不能完全按照招聘广告上的薪水范围谈判，难道我能跳出这个薪水范围，要得更多吗？

当然没有这么简单！让你不要这么简单地去进行薪资谈判，是因为招聘方也可能由于经验不足，导致其划定的薪水范围并不合理，甚至他们对岗位的定位与认知还有偏差，如果你对岗位有新的定位与认知，能提升甚至颠覆招聘方对该岗位的固有观念，让这个岗位帮助公司创造更多价值，为什么不能跳出既定薪水范围谈判呢？

你对这个岗位重新定位与认识了，说得头头是道，但招聘方可能不大相信，提出可以让你试一下，但初期薪水比最低的 15000 元还要低，一旦证明你做得好，薪水可以给到或超过最高的 30000 元。难道你不答应吗？所以，如果对自己有信心，当然可以先答应，拿低于最低标准的薪水，再去突破这个薪水的"天花板"。

只要一个确定的数字

第六个误区，在谈薪水的时候，你给出的是一个确定的数字。这一点会很不好，会让对方感到你没有给他们商量的余地，对自己的能力判断过于主观，这对你接下来谈判的进行会造成很大影响。如果你给出的不是一个具体的数字，而是一个范围，那效果就会完全不同。

在一般情况下，谈判的目的是提出问题、商量问题、解决问题。在薪资谈判中，如果你提出的是一个范围，等于你给对方提出的问题划定了一个可以协商的空间，这样不但能使谈判顺利进行下去，也同时向对方表明了你的薪资要求具有一定的灵活性和你对于此次谈判的诚意。

因此，在进行薪资谈判时，你要给的不是一个确定的薪水数字，而是一个薪资范围，这样双方都有一定深入思考的时间，比方说你在谈判的过程中给出的薪资范围是 13000 元至 18000 元，那么对方就会思考你给出的这个范围是否符合他们对你能力的评估；如果对方给出的薪资是 15000 元，你就可以思考一下要不要达成协议，如果不够满意，你可以在范围内再提出你的要求，16000 元或 17000 元都可以，然后说出你的理由，比如说你认为公司在哪些方面可能需要你承担一定风险，或是其他一些问题，让对方感到你在提出薪资要求的时候是经过深刻思考的，然后对你提出的问题进行相应的权衡与解答，这样获取更多信息的薪资谈判才是最有价值的。

过度关注同行竞品

第七个误区，过度关注同行竞品公司的薪资待遇。在薪资谈判中之所以不要"踩"这个"雷"，是因为过度关注别人，会让招聘方觉得你是一个没有主见的人，会觉得你对自己的能力认识不清，不知道该要多少。

其实，最重要的不是入职薪水高，而是入职后每天都知道自己做得好不好。

薪资谈判不是简单地谈薪资多少的问题，它是一套综合体系。了解了这个体系，你在薪资谈判中就会有一定的主动权，否则很难达到你对薪资的预期。当然，薪资问题也是一个双方博弈的问题，不是漫天要价就能"要"到的，招聘方也要仔细衡量你真正的价值。

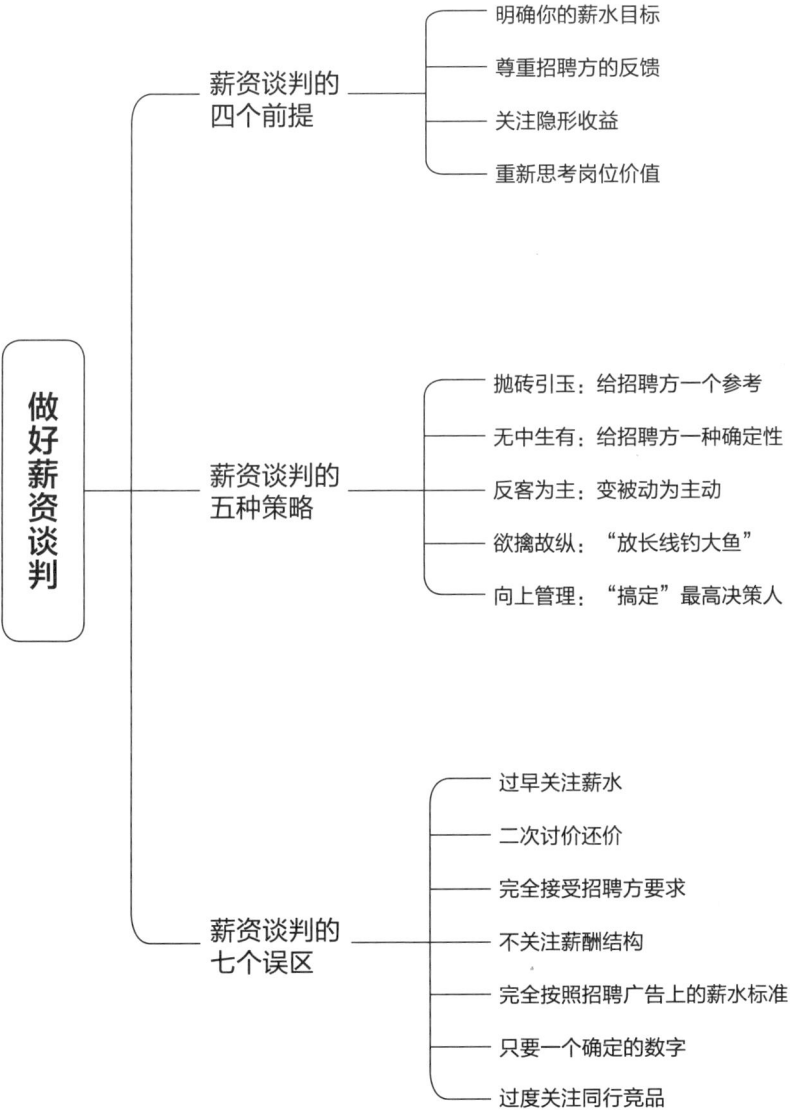

做好薪资谈判

薪资谈判的四个前提
- 明确你的薪水目标
- 尊重招聘方的反馈
- 关注隐形收益
- 重新思考岗位价值

薪资谈判的五种策略
- 抛砖引玉：给招聘方一个参考
- 无中生有：给招聘方一种确定性
- 反客为主：变被动为主动
- 欲擒故纵："放长线钓大鱼"
- 向上管理："搞定"最高决策人

薪资谈判的七个误区
- 过早关注薪水
- 二次讨价还价
- 完全接受招聘方要求
- 不关注薪酬结构
- 完全按照招聘广告上的薪水标准
- 只要一个确定的数字
- 过度关注同行竞品